FRANZISKA BRANDT-BIESLER

SMART
SELLING
B2B

KÖPFCHEN STATT HARDCORE

Midas Management Verlag
St. Gallen • Zürich

Smart Selling B2B
Köpfchen statt Hardcore

© 2013 Midas Management Verlag AG
ISBN 978-3-907100-92-9

Druck- und Bindearbeiten: CPI, Clausen & Bosse, Leck
Printed in Germany

Midas Management Verlag AG, Dunantstrasse 3, CH 8044 Zürich
E-Mail: kontakt@midas.ch, Tel 0041 44 242 61 02, www.midas.ch

INHALT

VERKAUFEN AM WENDEPUNKT?

Als Verkäufer im B2B-Verkauf möglichst viel präsentieren zu müssen, ist eine Annahme die sich hartnäckig hält. Nach dem Motto: »Ich zeige dem Kunden, was ich alles zu bieten habe und irgendwann wird etwas für ihn dabei sein.« Aber, was bringen solche Verkaufspraktiken? Der Kunde ist überfordert, irgendwann gelangweilt und sucht nur noch nach einem Grund, sich dem Verkaufsgespräch zu entziehen.

Für Verkäufer und Kunden bedeutet das verlorene wertvolle Zeit. »Smart Selling B2B« zeigt einen anderen Weg: mit dem Auge des Kunden sehen! Ein guter Verkäufer geht mit einem weißen Blatt ins Verkaufsgespräch, setzt sich hin – und hält den Mund., Herauszufinden, was den Kunden aktuell beschäftigt, statt langer Präsentationen. Aktives Zuhören, Notizen machen, dem Kunden zeigen, dass man ihn ernst nimmt – und dann kommt der entscheidende Moment des Impulses: Der Kunde sendet von sich aus das Signal, dass er kaufen möchte.

Je mehr der Kunde über sich reden kann, desto mehr Informationen gibt er preis. Im Grunde genommen lässt man den Kunden kaufen, statt ihm etwas zu verkaufen. Schließlich weiß man im Vorfeld selten, was für ihn wichtig und interessant ist.

Im letzten Drittel des Gesprächs kommt vom Kunden dann das Abschlusssignal und um das nicht zu verpassen, muss man gut zuhören können. Die meisten Verkäufer ticken genau anders herum. Sie glauben, je mehr sie präsentieren, desto mehr Erfolg werden sie haben. Und genau das ist falsch!

Einmal habe ich vor einem Verkaufstrainer-Coaching vor Ort mit meinem Klienten die Absprache getroffen, seinem Kunden ausschließlich zuzuhören – und zwar aufrichtig und aktiv. Am Ende stellte der Kunde fest, noch nie so ein gutes Gespräch geführt zu haben. Im Grunde genommen hatte er dies jedoch gar nicht getan, sondern durch unser Verhalten lediglich einen Spiegel seiner eigenen Reaktionen vorgesetzt bekommen. Wenn ich dieses aufgezeichnete, etwa einstündige Gespräch in meinen Seminaren zeige, wird meinen Verkäufer-Klienten der Unterschied sehr gut verdeutlicht.

Smart Selling heute bedeutet für mich: Zum richtigen Zeitpunkt beim Kunden den richtigen Impuls auffangen, der das Abschlussinteresse signalisiert – und das bekommt man nur, wenn man richtig zuhört. Das ist eine geschicktere Form des Verkaufens und Top-Verkäufer praktizieren das bereits.

Mit den Augen des Kunden sehen und mit seinen Sinnen zuhören - »Smart Selling B2B« beschreibt diese Vorgehensweise beim Verkaufen, die nicht nur zu mehr Abschlüssen führt, als die harte Variante, sondern auch grundsätzlich eine bessere Basis für weitere Geschäfte bietet.

Mein Rat an alle, die zu Top-Verkäufern werden wollen: Verinnerlichen Sie sich dieses Buch! Verkaufen Sie smart!

Edgar Geffroy
www.geffroy.com

KAPITEL 1

SMART SELLING
DAS GESAMTKONZEPT

Meine Geschichte

Eigentlich wollte ich mein Buch nicht damit anfangen meine eigene Verkäufergeschichte zu erzählen. Schließlich machen das alle so und meistens ist es eher frustrierend diese Überflieger-Stories zu lesen. Ich weiß nicht, wie es Ihnen geht? Ich denke dann immer: »Oh je, ich Stümper!

Aber genau deshalb fange ich nun doch damit an. Meine Verkäufergeschichte ist nämlich keine Ich-bekam-den-Sales-Job-und-einen-Monat-später-war-ich-die-beste-Verkäuferin-des-Landes-Story. Ich wollte auch nicht »unbedingt in den Verkauf weil es meine Berufung war«. Ganz im Gegenteil, ich bin durch puren Zufall in den Vertrieb gekommen. In Amerika gibt es das Konzept »The accidential Salesman« (sinngemäß: Verkäufer per Zufall). Das bin ich und mir wäre damals nie die Idee gekommen, dass Verkauf irgendwann zu meiner Passion werden würde.

Zu Anfang ging es mir nur um einen Job. Ich war selbstständig als »Sachensucher« und beschaffte für meine Kunden Requisiten, Möbel und Dinge aller Art. Doch davon konnte ich weder leben noch sterben. Außerdem hatte ich keine Lust mehr für abgedrehte Kunden obskure Sammlerstücke zu suchen. Geld hatte ich auch nicht mehr, also musste Arbeit her. Von einer Freundin erfuhr ich, dass ihre Firma, ein großer Kurierdienst, jemanden für den Innendienst suchte. Ich bewarb mich und befolgte ihren Tipp dem Chef zu sagen, dass ich »Verkaufstalent« hätte. Ich war selbst nicht ganz überzeugt davon, aber offenbar konnte ich zumindest mich ganz gut verkaufen, denn ich bekam den Job.

Es gefiel mir gut in der neuen Firma: Die Kollegen waren sehr nett, die Arbeit machte mir Spaß und ich kam schnell mit den neuen Aufgaben zurecht. Nur das mit dem Verkaufen gefiel mir nicht. Ich musste ab und zu telefonieren, um neue Kunden zu gewinnen. Das war mir nicht nur sehr peinlich, ich war auch ziemlich erfolglos. Also machte ich es wie alle im Innendienst: ich hatte einfach keine Zeit mehr zum Akquirieren. Dass manche Menschen, wie meine Außendienst-Kollegen, freiwillig den ganzen Tag verkaufen wollten, fand ich damals äußerst merkwürdig.

Doch ich bin ehrgeizig und wollte mich weiter entwickeln. Deshalb bewarb ich mich nach eineinhalb Jahren um einen neuen Job im Unternehmen. Ich wollte gerne in den Innendienst des »Special Service«. Doch mein Chef hatte einen anderen Plan mit mir und der hieß: Außendienst. Und weil ich das Gefühl hatte, schlecht ablehnen zu können, griff ich zu. So richtig überzeugt war ich allerdings nicht. Im Gegenteil. Ich fand das alles zu Anfang sogar ganz furchtbar. Ich wusste nämlich im Grunde gar nicht, was ich da eigentlich mache. Ich lief zu Kunden, war nett und adrett und hatte ja auch Ahnung von unseren Leistungen. Aber Verkaufen?

Erstaunlich war, dass mein Verkaufsgebiet sich sehr gut entwickelte. Ich bin allerdings bis heute überzeugt, dass das nicht viel mit mir zu tun hatte. Ich war im Gegensatz zu meinem Vorgänger lediglich präsent. Und unsere Kunden erinnerten sich plötzlich daran dass es unsere Firma noch gab.

Die ersten Monate dachte ich immer nur: »Hoffentlich merkt keiner, dass der Erfolg nicht mein Verdienst ist und ich eigentlich Nichts kann.« Doch mit der Zeit wurde ich dann wirklich besser. Mit Menschen umgehen konnte ich immer schon ganz gut. Ich besuchte tolle Seminare, in denen ich eine Menge lernte. Meine Zahlen waren gut, alles prima. Später wurde ich von einem großen Logistikdienstleister abgeworben. Das hat mich noch mal weitergebracht.

Wenn ich heute zurückschaue, habe ich mir allerdings auch manchmal die Zähne an Kunden ausgebissen. Einige Male versuchte ich Methoden aus den Verkaufstrainings umzusetzen, die ich aber gar nicht richtig verstanden hatte. Das war manchmal schrecklich und die Kunden tun mir heute noch leid.

Mein erstes Gespräch mit einem erfahrenen Einkäufer war ebenfalls furchtbar. Er war zwar freundlich zu mir, aber er blieb bei seinem mitleidigen Blick, egal was ich versuchte, um ihn zu überzeugen. Heute ist mir klar: Das hatte er alles schon 1000 Mal gehört.

Sie sehen, ich war zu der Zeit eine ganz normale Verkäuferin mit durchschnittlich guten Fähigkeiten, keine Überfliegerin und ganz sicher kein Naturtalent. Richtig gut zu verkaufen, habe ich über viele Jahre hinweg gelernt und nach und nach meine Verkaufsstrategie optimiert. Heute bin ich seit 13 Jahren selbstständige Verkaufstrainerin und habe in dieser Zeit auch weiterhin verkauft: meine Dienstleistungen und mich. Und was ich mir in dieser Zeit erarbeitet habe, finden Sie in diesem Buch.

Meine Idee vom Verkaufen

Ich glaube, dass es viele Wege gibt ein guter Verkäufer zu werden. Solche, die für alle Beteiligten eher anstrengend sind oder ganz leichte. Hochkomplexe und Unkomplizierte. Harte und Smarte. Ich habe mich für den smarten Weg entschieden.

Smart Selling heißt, dass Sie für Ihren Verkaufs-Erfolg ihr Köpfchen einsetzen, ohne ständig kämpfen zu müssen. Es bedeutet, dass Sie sich um die Kunden kümmern, die wirklich etwas kaufen wollen, statt die zu überreden, die sich bereits dagegen entschieden haben. Denn der Markt da draußen ist groß genug, um kaufwillige Kunden zu finden - in jeder Branche.

Nach vielen Jahren Erfahrung weiß ich heute: Verkaufen ist total einfach, wenn man das ganze Methoden-Gedöns und die Verkaufs-Phrasen weglässt, sein Köpfchen einschaltet und sich auf das Wesentliche besinnt:

> **Zwei Menschen überlegen, ob sie zusammen sinnvolle Geschäfte machen können. Punkt!**

Da braucht es keine auswendig gelernten Sätze und Techniken. Sie müssen keine Widerstände überwinden, weil Sie gar nicht erst welche aufbauen. Und die – hochgelobte – Abschluss-Stärke, ist völlig überflüssig, wenn Sie den Rest des Gesprächs gut im Griff haben. Verkaufen heißt: offen miteinander reden, Lösungen entwickeln, einen guten glaubwürdigen Kontakt aufbauen und dann verbindliche Vereinbarungen treffen, von denen beide etwas haben.

Deshalb verspreche ich Ihnen, wenn Sie die folgenden drei Grundprinzipien berücksichtigen, werden Sie ein guter Verkäufer:

1. Kunden kaufen (sonst würden sie nicht mit Ihnen reden)
2. Der Kunde kennt die Lösung (auch wenn er das vielleicht noch nicht weiß)
3. Sie verkaufen am besten, wenn Sie »erst verstehen und dann verstanden werden« (genial, aber leider nicht von mir, sondern von Stephen Covey*)

* Stephen Covey: Die 7 Wege zur Effektivität: Prinzipien für persönlichen und beruflichen Erfolg,

So, eigentlich könnten Sie sich nun den Rest des Buches sparen. Sie werden sehen, hinter allem, was ich Ihnen im Buch vorschlage, stecken diese drei Prinzipien. Aber ich freue mich natürlich, wenn Sie trotzdem weiterlesen und verspreche Ihnen, dass es sich lohnt!

Ach, und noch etwas: Verkaufen heißt auch manchmal Nichts zu verkaufen, wenn ein Kunde eben im Moment nichts Sinnvolles von Ihnen brauchen kann. Und, wenn Sie sich die Freiheit nehmen auch mal nicht zu verkaufen, leben sie deutlich entspannter und kein bisschen erfolgloser. Ganz im Gegenteil, wenn Sie locker bleiben, verkaufen Sie sogar mehr, nur eben an andere Kunden.

Und dann werden Sie genau zu dem Typ Verkäufer, der aus meiner Sicht heute die größten Erfolgsaussichten hat. Modernes Verkaufen ist ehrlich, transparent und persönlich. Altmodische Verkaufsmethoden und –strategien haben ausgedient. Und damit kommen wir zu den Verkäufern, die mich und die meisten Kunden nerven.

Was mir bei Verkäufern auf die Nerven geht

Ich bin eine anstrengende Kundin. Ich kann nämlich keine schlechten Verkäufer ertragen. Und ich sage Ihnen gerne, was mich am meisten stört.

Hier meine persönlichen Top-Ten der größten Verkäufer-Unsitten:

- Verkäufer, die wissen, was gut für mich ist, obwohl ich es selbst noch nicht weiß.
- Verkäufer, die am Ende damit Recht haben (Ich will dann trotzdem nicht kaufen, weil ich es hasse im Unrecht zu sein).
- Verkäufer, die mich spüren lassen, dass ich von der Materie weniger Ahnung habe als sie (Hallo, ich muss keine Ahnung haben, darum frage ich ja! Deshalb bin ich aber noch lange nicht dämlich!).

- Verkäufer, die mir Argumente aufzählen, die mich nicht interessieren.
- Verkäufer, die mit mir rumdiskutieren.
- Verkäufer, die so überzeugt von ihrem Produkt sind, dass sie keine Kritik daran ertragen können und dann eingeschnappt sind.
- Verkäufer, die mir das Gefühl geben, als Kunde austauschbar zu sein.

Verkäufer, die an mir Verkaufsmethoden abarbeiten, wie zum Beispiel die 20 besten Einwandbehandlungs-Techniken, finde ich eher lustig. An denen kann ich Studien betreiben. Und Verkäufer, die zu vorsichtig und unsicher sind, wecken in mir mütterliche Instinkte. Denen helfe ich eher auf die Sprünge. Berufskrankheit.

Der Gipfel der Nervigkeit sind natürlich: Verkäufer, die mir etwas verkaufen wollen, obwohl ich es nicht will.

Die Liste gibt Ihnen eine Ahnung davon, was Sie von mir auf keinen Fall lernen werden. Ich will Sie stattdessen dazu anregen, sich zu einem entspannten, aufmerksamen und kreativen Verkäufer zu entwickeln, der Spaß an seinem Job und seinen Kunden hat. Ich will Sie einladen Probleme locker zu nehmen und zu lösen, statt sich daran aufzureiben. Und ich will Sie ermutigen Neues auszuprobieren, um die für Sie genau passende Strategie zu finden. Das Buch hilft Ihnen bei all dem - versprochen!

Spaß an Kunden zu haben setzt allerdings voraus, dass Sie sich gut auf unterschiedlichste Typen einstellen können. Menschenkenntnis ist wichtig im Verkauf.

Warum Menschenkenntnis wichtig ist

In der Aufzählung im vorigen Abschnitt ging es um Aspekte, die auf fast alle Kunden übertragbar sind. Darüber hinaus gibt es aber noch viele individuelle Vorlieben und Abneigungen. Als guter Verkäufer sollten Sie über eine gesunde Portion Menschenkenntnis verfügen, um diese erkennen zu können.

Sehr viele Probleme entstehen in Verkaufsgesprächen nämlich nur deshalb, weil sehr unterschiedliche Menschen aufeinander treffen. Wenn Sie verstehen und tolerieren, dass Menschen sehr verschieden sind, werden Sie damit schon wesentlich offener umgehen. Noch besser funktioniert es, wenn Sie auch wissen, wie Sie sich auf den jeweiligen Typus einstellen und mit ihm kommunizieren können. Um Ihnen dabei zu helfen, nutze ich in diesem Buch das **DISC-Modell**.

Erste Hinweise, was der Begriff DISC bedeutet und wie Sie das Modell nutzen und verstehen können finden Sie ab Seite 18. In späteren Kapiteln gebe ich Ihnen dann Hinweise, wie Sie DISC in den verschiedenen Verkaufsphasen anwenden können.

Also, wie geht nun Verkaufen?

Wenn Sie schon Verkaufsseminare besucht haben, werden Ihnen die Phasen des Verkaufsgesprächs bekannt vorkommen. Ich habe das Verkaufen nicht neu erfunden. Wieso sollte ich etwas neu erfinden, was seit Tausenden von Jahren gut funktioniert? Ich habe allerdings den Ablauf stark vereinfacht und auf das Wesentliche heruntergebrochen. Das erleichtert Ihnen die Umsetzung und Sie können bessere Gespräche führen: frei von Mätzchen und Manipulationsversuchen.

MODERNES VERKAUFEN AUF DEN PUNKT GEBRACHT

Hier ein Überblick über das, was Sie in folgenden Kapiteln erwartet:

Neukundentelefonate - Als erstes müssen Sie ja ins Gespräch kommen und zwar mit Kunden, bei denen Sie auch etwas erreichen können.

Der Gesprächseinstieg – Andocken, beschnuppern und die Basis für Vertrauen legen, sind ganz wichtige Grundlagen für das folgende Gespräch. Bleiben Sie entspannt, dann klappt's am besten.

Der dreistufige Lösungsdialog ist der Hauptteil jedes Gesprächs. Die drei Stufen des Dialogs sind:

1. **Verstehen** - hier geht es darum, dass Sie den Kunden, seine Einstellung, Situation und seine Bedürfnisse genau verstehen, bevor Sie den ersten Lösungsvorschlag machen oder das erste Argument bringen.

2. **Entwickeln** – Anhand von Vorschlägen und Ideen erfassen Sie die Wünsche des Kunden noch genauer und erarbeiten mit ihm den perfekten Lösungsansatz.

3. **Anbieten** – In diesem Schritt definieren Sie konkrete Lösungen, so dass der Kunde sie bestätigen kann. Vor allem aber besprechen Sie mit dem Kunden die genauen Inhalte des schriftlichen Angebots.

Verhandlung und Feintuning - Nach dem Angebot werden Sie in der Regel noch mal über Preise verhandeln müssen. Freuen Sie sich darauf, das macht echt Spaß.

Konkrete Vereinbarung - Wenn alles geklärt ist, müssen Sie nur noch abschließen. Hier stellen Sie sicher, dass alle Details geklärt sind und alle Beteiligten einverstanden sind. Los geht die Zusammenarbeit.

After Sales – Jetzt können Sie beweisen, dass Sie das Vertrauen des Kunden verdient haben. Die verlässliche und professionelle Umsetzung des Projekts und Betreuung des Kunden legen die Basis für die weitere Zusammenarbeit.

Verkaufs-Strategie – Gezielt und bewusst vorzugehen bei der Steuerung Ihres Verkaufsportfolios ist ganz wichtig, damit Sie nicht jedem »Rock hinterherlaufen«, sondern sich auf Kunden mit Potenzial konzentrieren. Gar nicht so kompliziert, aber sehr erfolgversprechend.

Selbstmanagement und Seelenhygiene – Klar das Verkaufen wird Sie in Zukunft nicht mehr belasten. Aber was ist mit Ihrem nervenden Chef, den doofen Kollegen und den lästigen Kunden? Spaß beiseite! Damit Sie gegenüber Kunden immer gut drauf sein können, braucht es manchmal ein paar Tricks.

Tipps und Tricks aus dem Verkaufstrainer-Nähkästchen – Ganz zum Schluss kommen noch ein paar Sahnebonbons. Zehn Tipps, die ich über Jahre hinweg entdeckt oder entwickelt und ausprobiert habe. Auch wenn Sie schon sehr erfahren sind, ist bestimmt noch die eine oder andere Anregung dabei.

Bevor es nun richtig losgeht, noch ein Bekenntnis: Denken Sie bloß nicht, dass ich alles, was ich hier vorstelle immer und konsequent anwende. An schlechten Tagen führe ich auch manchmal Gespräche, bei denen ich mich hinterher frage, ob nicht mal ein gutes Verkaufstraining nützlich wäre.

Machen Sie sich also keine Sorgen, wenn Sie nicht alles was Sie möchten sofort umsetzen können. Bleiben Sie tolerant und geduldig mit sich. Jeder kleine Umsetzungserfolg ist ein Fortschritt und ein Grund zum Feiern.

DIE GRUNDLAGEN DES DISC-MODELLS FÜR DEN VERKAUF

Das DISC-Modell arbeitet mit zwei Dimensionen (Achsen) aus denen sich vier Persönlichkeitsanteile ergeben. DISC ist die englische Abkürzung für die vier Hauptanteile »dominant«, »initiativ«, »stetig« und »gewissenhaft« (Gewissenhaftigkeit heißt im Englischen »conscientiousness«, daher das »C« im Namen).

Diese vier Persönlichkeitsanteile sind bei jedem Menschen zu finden. Sie sind allerdings unterschiedlich stark ausgeprägt.

Das Modell bildet hauptsächlich Verhalten ab. Dieses wird geprägt durch:

1. angeborene Eigenschaften
2. Muster und Strategien, die wir in der Kindheit erlernt haben
3. den Einfluss unseres jeweiligen Umfeldes

Der dritte Punkt erklärt auch warum wir in verschiedenen Kontexten unterschiedliche Verhaltensmuster entwickeln können. Denn wir richten unser Verhalten bewusst und unbewusst danach aus, wie wir uns im jeweiligen Umfeld am besten behaupten. Das kann in der Familie etwas anderes sein, als zum Beispiel in der Firma.

Die zwei Achsen sind besonders hilfreich für die Einschätzung und den Umgang mit anderen Menschen. Schon wenn Sie diese beiden Dimensionen nutzen, werden Sie flexibler und typgerechter mit anderen umgehen können.

Die senkrechte Achse ist die Reaktionsachse. Sie beschreibt, wie schnell Menschen reagieren und Entscheidungen fällen. In der oberen Hälfte finden Sie Menschen beziehungsweise Persönlichkeitsanteile, die schnell entscheiden und Kontrolle übernehmen. Die Menschen deren Persönlichkeitsanteile in der unteren Hälfte zu finden sind, warten eher ab und sind sehr gut darin sich anzupassen. Sie entscheiden erst nach längerer Überlegung.

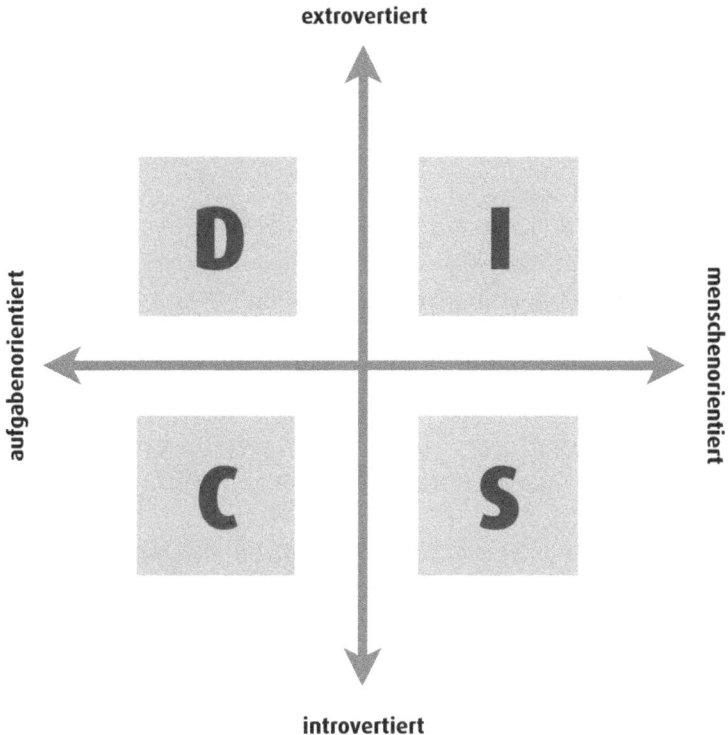

Auf der waagerechten Achse finden Sie den Umgang mit Menschen. Diese sogenannte Beziehungs-Achse zeigt auf der linken Seite Menschen beziehungsweise Anteile, die eher Distanz brauchen. Der Fokus liegt dementsprechend mehr auf der Sache und der Logik. Rechts ist der Wunsch nach Nähe wichtiger, Menschen und Emotionen stehen im Fokus.

In dem gesamten Modell finden Sie keine Bewertung über gute oder schlechte Verhaltensweisen oder Persönlichkeitsanteile. Das Modell beschreibt immer nur unterschiedliche Strategien.

Im Gespräch mit dem Kunden können Sie zunächst beobachten: Agiert der Andere schnell oder langsam? Redet er eher über die Sache oder über Menschen?

Bewegen Sie sich dann ebenfalls auf den Achsen, um sich auf Ihr Gegenüber einzustellen:

Werden Sie langsamer und detaillierter oder ziehen Sie im Gegenteil das Tempo an und beschränken sich auf wesentliche Punkte, um auf der Reaktionsachse zu variieren.

Lassen Sie Ihrem Gegenüber mehr Raum und beschränken Sie sich auf sachliche Themen oder bauen Sie Nähe auf und legen Sie den Fokus auf Menschen und Emotionen, um sich auf der Beziehungsachse anzupassen.

Wie Sie variieren müssen, hängt von Ihrer persönlichen Ausprägung ab. Ihr »Startpunkt« liegt irgendwo auf der Kreislinie.

Wenn Sie sich noch genauer mit dem Modell beschäftigen wollen, können Sie die vier Persönlichkeitsanteile einbeziehen. Manchmal sind diese recht eindeutig ausgeprägt und gut sichtbar. Dann ist es sinnvoll, sich auf die Person individuell einzustellen.

Bei Mischausprägungen zweier Anteile, wird es Ihnen schwerer fallen, ihr Gegenüber einzuordnen. Versuchen Sie dann eine Einschätzung auf Basis einer der Achsen. Vielleicht können Sie ihn auf der Beziehungsachse zuordnen: Spricht Ihr Ansprechpartner eher über Fakten oder über Menschen? Oder lässt er sich auf der Reaktionsachse als eher schneller oder langsamer Entscheider definieren? Auch wenn Sie sich nur auf dieser Ebene anpassen wird ihre Kommunikation davon profitieren.

INFO-BOX: Die vier DISC-Anteile im Überblick

Dominanter Anteil

Menschen, bei denen dieser Anteil stark ausgeprägt ist, wirken selbstbewusst und durchsetzungsstark. Sie kommunizieren meist direkt. Sie sind zielorientiert und kämpferisch. Ihr wichtigstes Bedürfnis ist es, Kontrolle zu übernehmen. Kunden mit starkem dominanten Anteil fragen vor allem ergebnisorientiert. Sie nehmen sich meist wenig Zeit für Gespräche. Sie wollen selbst entscheiden und fordern dazu von Ihnen verschiedene Lösungsoptionen. Sie verhandeln hart und sind erst zufrieden, wenn Sie einen Gewinn verzeichnen können.

Initiativer Anteil

Menschen mit starkem initiativen Anteil sind begeisterungsfähig und oft temperamentvoll. Sie reden gern und stehen noch lieber im Mittelpunkt. Sie entscheiden spontan und emotional und geben dabei Gesprächspartnern den Vorzug, die ihnen sympathisch sind. Ihr wichtigstes Bedürfnis ist das nach Anerkennung. Initiativ ausgeprägte Kunden fühlen sich wohl mit Gesprächen, die lebendig und locker ablaufen. Sie sind sprunghaft und schweifen schnell vom Thema ab, brauchen das aber selbst, um sich wohl zu fühlen. Sie entwickeln gerne Ideen und arbeiten an kreativen Lösungsvorschlägen aktiv mit. So schnell sie sich für ein Produkt entscheiden, so schnell können sie aber auch wieder ihre Meinung ändern, etwa wenn ein neuer Anbieter auftaucht.

Stetiger Anteil

Menschen, die deutlich stetig ausgeprägt sind, sind freundlich und wirken oft warmherzig. Sie sind aufmerksame Zuhörer und ausgleichende Teammitglieder. Stetig ausgeprägte Menschen brauchen Zeit, um Vertrauen zu fassen, sind dann aber sehr loyal und hilfsbereit. Sie haben ein großes Bedürfnis nach Stabilität. Kunden mit deutlichem stetigen Anteil suchen nach Sicherheit und Beständigkeit. Sie erwarten von ihren Lieferanten Unterstützung und Verlässlichkeit.

Sie tun sich schwer zu entscheiden. Deshalb ist es für sie hilfreich bei Entscheidungen schrittweise vorzugehen. Wenn Sie einen stetigen Kunden einmal gewonnen haben und ihn gut betreuen, bleibt er Ihnen lange erhalten.

Gewissenhafter Anteil
Menschen, bei denen dieser Anteil stark ausgeprägt ist, wollen Dinge richtig machen. Sie befürchten Kritik und arbeiten, um diese zu vermeiden, sehr genau und detailorientiert. Gewissenhaft ausgeprägte Menschen wirken oft sachlich und distanziert. Gefühlsregungen sind ihnen meist nicht anzumerken. Ihr Grundbedürfnis ist Qualität.
Gewissenhafte Kunden entscheiden auf Faktenbasis. Sie sind meist sehr gut vorbereitet und informiert und fragen kritisch und analytisch nach. Kunden mit deutlich gewissenhaftem Anteil entscheiden vorsichtig und brauchen Unterstützung, um sich abzusichern. Deshalb schätzen Sie Garantien und Testphasen, legen aber auch auf Referenzen und echte Erfahrungsberichte großen Wert.

KAPITEL 2

NEUKUNDENTELEFONIE

Bevor ich Ihnen erkläre, wie Sie gute Verkaufsgespräche führen, brauchen Sie erst einmal einen Pool potenzieller Kunden, die Sie ansprechen können. Wenn Ihr Marketing nicht eine Flut von Anfragen ins Haus spült, müssen Sie aktiv werden. Und selbst wenn Sie sich vor Anfragen kaum retten können, kann Akquisition sinnvoll sein. Dann nämlich, wenn Sie bestimmte Kunden oder Branchen erreichen wollen, die sich nicht von selbst melden.

Ich akquiriere zum Beispiel regelmäßig in der Sportbranche. Das Thema und die lockere, coole Art der Verkäufer dort liegen mir sehr und ich kenne die Branche und deren Abläufe gut. Ich bin aber noch nicht so bekannt, dass die Firmen von selbst auf mich zukommen würden. Also ran ans Telefon!

Die schlechte Nachricht zuerst: Kunden warten nicht auf Ihren Anruf

Aber das haben Sie vielleicht ohnehin die ganze Zeit im Kopf, während sie Neukundentelefonate führen. Manche Menschen machen zwar richtig gerne Telefonakquise, ich persönlich kenne allerdings nicht viele. Und ganz ehrlich, ich muss mich auch jedes Mal aufraffen. Aber wenn ich es tue, bin ich immer richtig stolz auf mich!

Also Kunden warten nicht auf Ihren Anruf, aber wenn Sie sich gut anstellen, haben sie auch nichts dagegen. Die Skala ist lang. Sie reicht von 0% Interesse: »Wir brauchen so etwas grundsätzlich nicht.«, »Rufen Sie nie wieder an oder ich hetze die Hunde/meinen Rechtsanwalt auf Sie.«, bis 100%: »Gut, dass Sie anrufen. Wie schnell können Sie kommen?« Manchmal rufen Sie genau im richtigen Moment an. Mir ist das schon ein paarmal passiert. Dann bekam ich ganz schnell einen Termin und oft auch den Auftrag innerhalb weniger Wochen. Und das, obwohl der Verkaufszyklus für Verkaufstrainings sonst biblisch lang ist.

Die meisten Kunden die Sie anrufen, liegen allerdings auf der Skala irgendwo dazwischen. Sie haben »einen Lieferanten, schauen sich aber auch mal neue Angebote an«. Oder sie denken »bestimmt mal irgendwann« über eine Investition nach, aber nicht jetzt.

Die gute Nachricht ist: Kunden brauchen Lieferanten!

Der Beweis: Kunden kaufen! Sie kaufen Produkte, Dienstleistungen, Beratung, Maschinen, ja sogar ganze Fabriken. Firmen geben ununterbrochen Geld aus. Und damit sie das können, müssen sie Anbieter prüfen und mit Lieferanten sprechen. Bingo! Anzurufen und zu sagen: »Hallo hier bin ich!«, ist also absolut ok.

Wenn wir diese beiden Nachrichten kombinieren, kommt dabei heraus: Wenn Sie anrufen, werden Sie manchmal Glück haben und manchmal nicht. Und je öfter Sie anrufen, desto öfter werden Sie Glück haben!

Und nach meiner persönlichen Erfahrung werden Sie feststellen, dass 99% der Kunden nett sind, selbst wenn sie gerade nichts brauchen. Und zu 90% der Kunden werden Sie einen Kontakt aufbauen, den sie pflegen können, bis ein Bedarf akut wird. Na, wenn das keine guten Aussichten sind!

Bitte seien Sie wählerisch

So gute Erfolgsquoten erreichen Sie nur, wenn Sie schon vorher gut filtern, wen Sie überhaupt anrufen. Das gibt Ihnen auch gleich ein ganz anderes Gefühl. Innerlich können Sie jetzt immer sagen: »Firma A, dich rufe ich nicht an, pöh, hab ich gar nicht nötig! Aber dir, Firma B, gewähre ich ein paar Minuten meiner Zeit.«

Um zu entscheiden, wen Sie anrufen, sehen Sie sich Ihre besten Stammkunden an: Welche Branchen kaufen bei Ihnen? Wie groß sind diese Firmen? Und was haben die alle gemeinsam? Vielleicht sprechen Ihre Kunden vorwiegend bestimmte Zielgruppen an oder sie produzieren für bestimmte Branchen? Vor allem überlegen Sie bitte, welche Firmen die besonderen Vorteile Ihrer Produkte auch zu schätzen wissen.

Beispiel: Ein Kunde von mir produziert High-Tech-Stecker für die Datenübertragung. Es gibt zwar viele ähnliche Stecker auf dem Markt, aber seine sind besonders präzise verarbeitet, und deshalb sind die Übertragungsraten außergewöhnlich hoch. Eine so spezielle Qualität brauchen aber gar nicht alle Kunden, sondern nur solche, die sehr anspruchsvolle Anwendungsbereiche haben. Alle anderen empfinden die Stecker einfach nur als zu teuer. Klare Sache, oder? In diesem Fall lohnt es sich vorwiegend Firmen anzurufen, die für den High-Tech-Bereich produzieren. Der normale Elektroinstallateur braucht zwar auch irgendwelche Stecker, aber eben nicht diese Besonderen!

Wenn Sie die Entscheidung getroffen haben, welche Arten von Firmen Sie anrufen, bauchen sie natürlich noch Adressen. Neben Google gibt es noch eine Reihe weiterer Möglichkeiten:

• Als erstes können Sie ihre eigene Firmendatenbank durchforsten. Ehemalige und passive Kunden zurückzugewinnen ist nämlich einfacher, als ganz von vorne anzufangen.

- Wenn Ihre Kunden etwas produzieren oder vertreiben, sind Messekataloge von Branchenmessen sehr ergiebig. Da finden Sie auch die Adressen und können sich auf Firmen konzentrieren, die in Ihrem Gebiet sind. Die Ausstellerkataloge stehen ein bis zwei Monate vor Messebeginn im Internet.

- In vielen Branchen lohnt es sich auch regelmäßig Branchenzeitschriften zu lesen. Viele davon haben inzwischen eine Online-Plattform.

Daneben gibt es viele bekannte Möglichkeiten, aber leider nur wenige Einfache. Meistens ist die Adressrecherche mühsam und zeitaufwändig. Vielleicht können Sie sie delegieren. Und auch die Adressqualifizierung kann ein pfiffiger Praktikant übernehmen, das heißt Namen und Telefonnummern von Ansprechpartnern herausfinden. Für solch mühsame Fleißarbeit sind Sie nämlich betriebswirtschaftlich gesehen zu teuer.

Nun aber ran an den Speck. Aber an welchen?

Die Frage, wen Sie anrufen sollen, ist einfach zu beantworten:

Rufen Sie in der Hierarchie soweit oben wie möglich an, also beim höchsten Entscheider, der noch ein Interesse an Ihren Produkten oder Lösungen hat.

Und rufen Sie in dem Bereich an, der am meisten von Ihren Vorteilen profitiert:

- Wenn Ihre Produkte besonders preisgünstig sind, ist der Einkauf interessiert.

- Wenn technische Vorteile im Vordergrund stehen, sprechen Sie die Fachabteilung an.

• Wenn Ihre Lösungen grundsätzliche unternehmerische Vorteile oder Einsparungen bringen, sollten Sie die Geschäftsführung in den Fokus nehmen.

Ich weiß zum Beispiel, dass ich am meisten erreichen kann, wenn ich direkt bei Verkaufsleitern anrufe. Und das, obwohl Seminare sonst in der Regel von der Personalabteilung eingekauft werden. Verkaufsleiter haben oft einen hohen Stellenwert in der Firma und entscheiden deshalb gerne selbst, wer das Verkaufsteam trainieren darf. Super für mich, denn mit einem Vertriebsprofi kann ich viel besser fachsimpeln und dadurch einen guten Eindruck machen.

Und wen möchten Sie an den Haken bekommen?

Mit Speck fängt man Mäuse und mit guten Ideen macht man Kunden neugierig. Genau, und mit Würmern fängt man Fische und was Profi-Einkäufer gerne essen weiß ich nicht...

Sobald Sie wissen, wen Sie anrufen wollen, müssen Sie sich einen guten Gesprächsaufhänger überlegen. Der sollte nämlich immer zur Zielgruppe passen oder besser gesagt - der Zielgruppe schmecken.

Überlegen Sie zum Beispiel, welches die Hauptgründe Ihrer Kunden sind, bei Ihnen zu kaufen. Und wenn Sie das nicht wissen, fragen Sie nach. Dabei dürfen Sie ruhig direkt sein:»Sagen Sie mal, Sie könnten ja ihre *Wasauchimmer* auch bei Wettbewerber X kaufen. Warum kaufen Sie eigentlich bei uns?« Darauf bekommen Sie ganz bestimmt interessante Antworten. Wichtig ist, dass Sie GUTE Kunden fragen. Sonst bringen Sie noch Jemanden auf dumme Ideen und bekommen vielleicht die Antwort:»Ja, gute Frage eigentlich. Keine Ahnung! Das sollten wir mal prüfen.« Also: Premiumkunden anrufen und die ein bis zwei Hauptgründe, die immer wieder kommen, für den Gesprächsaufhänger nutzen.

Der könnte dann zum Beispiel so lauten:

»Grüß Gott, ich bin Paul Meier von der Allerwelts AG. Wir sind Hersteller von Pappnasen und haben uns vor allem auf Nasen für den professionellen Bereich spezialisiert. Unsere Nasen sind besonders bequem und halten auch bei größten Belastungen noch bombensicher.« Darauf folgt dann eine Überleitungsfrage, aber dazu kommen wir später.

Oder etwas ernsthafter:

»Guten Tag, hier spricht Antje Müller von der Wrap Verpackungs GmbH. Wir sind Spezialisten für Verpackungsfolien. Ich möchte mit Ihnen gerne mal über eine neue Stretchfolie sprechen, mit der Sie 20 % Material einsparen können, ohne dass sie an Festigkeit verliert.«

Noch ein Tipp: Wenn Sie davon ausgehen können, dass der Kunde schon einen Lieferanten in Ihrem Bereich hat, können Sie sich helfen, indem Sie das gleich sagen: »Hallo, ich bin Arne Bauschulte von SuperSauber in Recklinghausen. **Mir ist klar, dass Sie schon eine Lösung für Ihre Gebäudereinigung haben.** Aber ich würde Ihnen gerne mal unser Reinigungskonzept ‚Putz und Spar' vorstellen, mit dem Sie nach unserer Erfahrung gleichzeitig Geld sparen und die Reinigungsqualität verbessern können.«

Mit diesem Zusatz nehmen Sie dem Kunden den Wind aus den Segeln und bekommen mit höherer Wahrscheinlichkeit einen Termin. Ich kenne einen Verkäufer, der damit seine Terminquote von 10% auf 80% erhöhen konnte.

Noch ein paar zusätzliche Tipps:

Bitte benutzen Sie ihren Vor- und Nachnamen, wenn Sie sich melden. Erstens klingt das viel persönlicher als »Hier spricht Schulz.«

Oder noch schlimmer »Hier spricht Herr Schulz.« Und zweitens kann der Kunde den Nachnamen besser verstehen, wenn Sie Ihren Vornamen voranschicken. Ihren Vornamen hat er wahrscheinlich schon gehört und weiß dann, aha, jetzt kommt gleich der Nachname. Allerdings, machen Sie sich nicht zu viele Hoffnungen, ihren Namen merkt sich wahrscheinlich jetzt sowieso noch niemand.

Wenn Sie wollen, dass Ihr Kunde versteht, von welcher Firma Sie sind, müssen Sie langsam und deutlich sprechen. Warum ich das sage? Weil die meisten Verkäufer den Firmennamen so oft aussprechen, dass sie ihr eigenes Nuscheln nicht mehr bemerken. Probieren Sie es mal aus, indem Sie sich selber aufnehmen. Sprechen Sie einmal »normal« und dann so, dass es Ihnen künstlich überartikuliert vorkommt. Wenn Sie beides anhören, werden Sie feststellen: Die zweite Variante ist besser zu verstehen und klingt keinesfalls übertrieben.

Und für den Gesprächsaufhänger gilt: Bitte fassen Sie sich kurz, sehr kurz, äußerst kurz! Zwei Informationen sind das höchste der Gefühle. Mehr nimmt der Kunde ohnehin nicht auf. Wenn Sie ein bis zwei Haupt-Nutzen-Argumente nennen, auf die 80% der Kunden neugierig reagieren, ist das genug.

Wenn Sie bei einem Marktführer mit flächendeckender Bekanntheit arbeiten, müssen Sie in der Regel nicht erklären, was Ihre Firma macht. Wahrscheinlich bekommen Sie auch ohne weiteres Termine. Einen interessanten Aufhänger, wie ein neues Produkt oder Einsparmöglichkeiten zu nennen, schadet aber trotzdem nicht.

Stopp! Jetzt noch keinen Termin vorschlagen!!

Die meisten Verkäufer würden nach dem Gesprächsaufhänger sofort nach einem Termin fragen. Sie auch? Das ist nicht schlimm, aber ich empfehle es trotzdem nicht. Sonst bekommen Sie nämlich auch Termine bei Kunden, die für Sie gar nicht interessant sind, weil sie kaum Bedarf haben. Aber dazu ist Ihre Zeit zu kostbar. Oder klingt es besser, wenn ich sage: Das haben Sie nicht nötig? Deshalb kommt jetzt die vorhin schon angesprochene, Überleitungsfrage. Stellen Sie eine Frage, die den Kunden einlädt erst einmal über ihr Produkt zu reden.

»Was für Folienstärken setzen Sie im Moment ein?«
»Wie viele Pappnasen-Träger haben Sie denn in Ihrem Zirkus?«
»Wie oft wird denn bei Ihnen gereinigt?«

Das Ziel dieser Fragen ist, das Potenzial des Kunden einzuschätzen. Außerdem gibt Ihnen der Kunde in seiner Antwort meistens auch Hinweise darauf, wie interessant er Ihr Angebot generell findet.

Wer Sie abwimmeln will, wird das jetzt tun. Versuchen Sie trotzdem kurz das grundsätzliche Potenzial einzuschätzen: »Nutzen Sie denn grundsätzlich Stretchfolien in ihrer Verpackung?« und einen späteren Kontakt auszuhandeln: »Können wir uns dann vielleicht später nochmal unterhalten? Wann kann ich mich mal wieder melden?« Meistens wird das klappen, und Sie dürfen ein weiteres Mal anrufen. Und wenn nicht, dann nicht. Pech gehabt. Aber dann wissen Sie wenigstens Bescheid und können den Kunden aus Ihrer Liste streichen. Wer nicht will, der hat schon.

Jetzt dürfen Sie endlich einen Termin vorschlagen

Wenn der Kunde auf das Thema anspringt und sich auf ein Gespräch über ihr Produkt einlässt, unterhalten Sie sich einen Moment mit ihm. Aber nur so lange, bis Sie einschätzen können, ob er Interesse und Potenzial hat. Dann schlagen Sie einen Termin ihrer Wahl vor. Ja, richtig, einen Termin Ihrer Wahl. Viele Verkäufer lassen sich nämlich vom Kunden einen Termin diktieren und ärgern sich dann, dass sie soviel Zeit im Auto verbringen. Selbst Schuld! Es geht auch anders: Schlagen Sie ein bis zwei Termine vor, an denen Sie den Kunden mit geringem Aufwand erreichen können. Wenn dann der

Kunde gar nicht kann, können Sie ihn immer noch nach seinen Vorstellungen fragen. Wenn möglich, wählen Sie dann einen Tag, an dem Sie noch nicht viel geplant haben und legen Sie weitere Termine darum herum.

FAQ: Ich kann keine genauen Termine machen, weil ich gar nicht so präzise planen kann, wie lange ich für meine Kundengespräche brauche. Was mache ich in diesem Fall?

Ich kann Ihre Bedenken verstehen, empfehle Ihnen aber trotzdem konkrete Termine mit Ihren Kunden zu vereinbaren, weil geplante Gespräche einfach eine bessere Qualität haben. Der Kunde kann sich vorbereiten und einstimmen. Und er hat vor allem die Zeit für Sie eingeplant und wird sich deshalb viel besser auf Sie konzentrieren können.

Natürlich dauern Termine je nach Kunde und Thema unterschiedlich lange. Trotzdem werden Sie Erfahrungswerte haben, von denen Sie ausgehen können. Für einen Kennenlerntermin können Sie dann beispielsweise eine Stunde einplanen, für eine Angebotsbesprechung kalkulieren Sie eineinhalb.

Die geplante Zeit sprechen Sie bitte mit dem jeweiligen Kunden ab. So können Sie zusammen dafür sorgen, dass Sie pünktlich fertig sind. In aller Regel klappt das.

Vor allem aber ist wichtig, dass Sie die Gesprächsführung in der Hand behalten. Sie können sehr viel Einfluss auf das Gespräch nehmen, wenn Sie zielgerichtet vorgehen und den roten Faden behalten.

Zu »Jetzt-Noch-Nicht«-Kunden bauen Sie schon mal Kontakt auf

Wenn der Kunde sich zwar grundsätzlich für Ihr Angebot interessiert, sich aber zur Zeit nicht damit beschäftigen will, ist das nicht schlimm. Ein Termin würde Ihnen in dieser Situation sowieso nichts bringen. Finden Sie in diesem Fall heraus, wann Sie sich wieder in Erinnerung rufen können. Wenn der Kunde einen sehr langen Zeitraum vorschlägt, wäre es gut, wenn Sie eine Idee haben, mit der Sie die Zeit überbrücken können. Ich habe zum Beispiel einen wirklich nützlichen Newsletter, den Verkaufsleiter gerne an ihre Verkäufer weiterleiten. Nicht originell aber wirkungsvoll. Sie können aber auch fragen, ob Sie sich melden dürfen, wenn es neue Produkte gibt. Das zieht häufig. Weitere Ideen zur Kontaktpflege finden Sie im 7. Kapitel »After Sales«.

Eine unangenehme Situation ist es, wenn der Kunde anbietet, sich bei Bedarf bei Ihnen zu melden. Ich versuche das immer abzuwenden, indem ich antworte: »Wissen Sie, ich bin so schwer zu erreichen. Es wäre einfacher, wenn ich mich wieder melde. Wann ist es für Sie sinnvoll?« Meistens klappt das, und ich behalte so die Fäden in der Hand.

Der Klassiker ist: »Schicken Sie mir mal was zu.« Was die Leute mit dem ganzen Papier beziehungsweise den ganzen Dateien wollen? Nichts. Meistens geht es nur darum Sie abzuwimmeln.

Und doch können Sie sich auch das zunutze machen. Indem Sie fragen: »Damit ich Sie nicht mit Informationen zuschütte, was interessiert Sie denn besonders?« Und schon haben Sie sich weiteren Input beschafft.

Oder Sie versuchen wieder auf einen Folgekontakt zu kommen: »Wir haben sehr viel Infomaterial, da wüsste ich jetzt gar nicht, was ich Ihnen schicken soll. Ich habe einen anderen Vorschlag. Sprechen wir doch wieder, wenn das Thema für Sie akut wird. Dann kann ich Ihnen gezielte und aktuelle Informationen zu bestimmten Produkten geben, die für Sie dann relevant sind. Wann darf ich mich mal wieder melden?« Das klappt auch oft. Sie merken, nicht aufgeben heißt die Devise. Viele Verkäufer lassen sich viel zu schnell abschrecken und verschenken dadurch Chancen für weitere Kontakte.

FAQ: Ich habe Angst, dass ich zu viel Druck mache und der Kunde dann nicht mehr mit mir spricht. Wie kann ich das vermeiden?

Sie haben Recht. Der Grat zwischen hartnäckig und unverschämt kann sehr schmal sein. Deshalb ist es wichtig, immer gut zuzuhören, um zu merken, ob der Kunde tatsächlich noch unentschlossen ist - dann können Sie weiter machen. Oder will er Sie wirklich loswerden? In diesem Fall akzeptieren Sie sein »Nein« sofort. Indem Sie seine Entscheidung respektieren, geben Sie ihm das Gefühl jederzeit Herr der Lage zu sein.

Aber machen Sie sich nicht verrückt. Wenn Sie doch mal überziehen und der Kunde genervt reagiert, bekommen Sie bei ihm eben erst einmal keinen Kontakt. Das ist nicht schlimm. Andere Mütter haben auch schöne Söhne. In einem halben Jahr hat er sie wieder vergessen oder es gibt einen neuen Ansprechpartner. Dann probieren Sie es eben wieder.

FAQ: Jedes »Nein« von Neukunden frustriert mich. Wie kann ich damit umgehen?

Grundsätzlich ist der Frust beim »Nein« ganz natürlich. Sie rufen ja an, um Erfolg zu haben und eine Ablehnung ist da eben unangenehm. Sie können es aber auch ganz anders bewerten: Finden Sie einfach heraus, wie Ihre persönliche Erfolgsquote ist. Wie viele Anrufe müssen Sie machen, um einen Termin zu bekommen? Und dann bewerten Sie jedes »Nein« als einen Schritt zum nächsten »Ja«.

Zusätzlich können Sie alle positiven Ergebnisse wie zum Beispiel die Bitte sich wieder zu melden als Erfolg verbuchen. Führen Sie am besten eine Strichliste. Damit sehen Sie, wie oft die Kunden statt »Nein«, »Nicht jetzt aber später...« gesagt haben. Nach meiner Erfahrung kommen Sie so ganz leicht auf eine Erfolgsquote von 90-95 % und das ist doch alles andere als frustrierend.

DREI TIPPS MIT DENEN SIE AN DER ASSISTENZ VORBEI KOMMEN

Das kennen Sie auch: Oft dringen Sie gar nicht bis zum Entscheider vor, sondern werden von der Assistenz oder der Zentrale abgefangen. Hier sind drei Tipps, mit denen ich oft Erfolg habe:

1. **Namen nutzen:** Verblüffend oft funktioniert es, wenn ich den Vor- und Nachnamen des Gesprächspartners nutze. Das wirkt, als ob ich denjenigen kenne, obwohl ich ja nichts dergleichen behauptet habe. Den vollständigen Namen finden Sie oft im Internet, zum Beispiel bei XING oder LinkedIn. Oder Sie erfahren ihn an der Zentrale.

2. **Verbündete statt Gegner:** Eigentlich bin ich ja neidisch, wenn jemand eine Assistenz hat, die ihm konsequent die Anrufer vom Hals hält. Ehrlich, ich hätte das auch gerne. Eine gute Assistenz ist meistens auch kompetent und kann gut einschätzen, welche Themen den Chef gerade interessieren. Machen Sie sich das zunutze, indem Sie um Hilfe bitten: »Sie können mir sicher einen Tipp geben, wie ich Ihren Chef erreichen kann. Was raten Sie mir?« An einem richtigen Vorzimmer-Pitbull, wie ich diese Menschen liebevoll nenne, kommen Sie eh nicht vorbei.

3. **Tagesrandzeiten:** Auch gut »bewachte« Chefs gehen manchmal selbst ans Telefon. Nämlich dann, wenn die Assistentin Feierabend hat. Probieren Sie es ruhig mal um 18:00 Uhr oder noch später. Manchmal haben Sie so Glück. Genau so können Sie manchmal Frühaufsteher erreichen. Probieren Sie doch einfach mal, ob ihr Kontakt zu einer der Gruppen gehört.

KAPITEL 3

GESPRÄCHSEINSTIEG

In den nächsten Kapiteln schauen wir uns systematisch das gesamte Verkaufsgespräch an. Los geht es natürlich mit dem besten ersten Eindruck, den Sie machen können. Dabei gilt vor allem Eines: Bleiben Sie entspannt und natürlich!

Entweder es passt oder es passt nicht

Ich selbst stimme mich auf jedes Verkaufsgespräch ein, indem ich mir sage: »Entweder es passt oder es passt nicht.« Durch diesen Satz bin ich entspannt und gleichzeitig bin ich sehr offen und neugierig wer mir da gleich begegnet. Er bezieht sich sowohl auf den persönlichen Kontakt zum Gesprächspartner wie auch auf Ihr Angebot an den Kunden.

Sie werden nicht mit jedem Kunden ins Geschäft kommen. Das kann daran liegen, dass Sie einfach nicht miteinander warm werden und der Kunde kein Vertrauen zu Ihnen fasst. Das kann aber auch daran liegen, dass Ihr Angebot einfach nicht zu den Bedürfnissen des Kunden passt.

Aber keine Sorge, wenn Sie mit der »Passt-oder-passt nicht-Einstellung« ins Gespräch gehen, werden Sie feststellen, dass es meistens doch passt. Und das liegt gerade daran, dass Sie keinen Druck machen. Weder machen Sie Druck auf die Beziehung: »Du MUSST mich einfach mögen!«, noch auf das Ergebnis: »Ich MUSS dir unbedingt etwas verkaufen!«

Der Einstimmungssatz: »Entweder es passt oder es passt nicht.« ermöglicht es Ihnen locker zu sein und die Situation auf sich zukommen zu lassen. Sie werden mehr verkaufen und bessere Kundenbeziehungen aufbauen.

Smalltalk ist keine Pflichtveranstaltung

Jetzt berühren wir so etwas Ähnliches wie den heiligen Gral des Verkaufstrainings: den Smalltalk! Es gibt ganze Seminare, in denen Sie lernen können, wie Sie zu Beginn des Gesprächs leichte unkomplizierte Konversation machen. Es gibt aber auch Trainerkollegen, die das »seichte Geplänkel« grundsätzlich ablehnen.

Ich sage: kommt drauf an! Smalltalk zu Beginn des Gesprächs hat für die meisten Menschen einige grundlegende Vorteile:

• Meistens kommen alle Beteiligten gerade aus anderen Situationen. Der Einkäufer kommt aus einem nervigen Meeting mit einem Mitarbeiter. Der Techniker hat gerade zwei Stunden Trouble-Shooting hinter sich und Sie sind vielleicht noch in Gedanken bei der nervigen Parkplatzsuche. Bevor das Gespräch ernst wird, hilft es wahrscheinlich allen, wenn sie ein paar Minuten zum Ankommen haben.

• Zusätzlich hilft der Smalltalk, um einen Eindruck von den beteiligten Personen zu bekommen. Sind sie locker und freundlich, ernst und sachlich oder eher zurückhaltend und abwartend? Alle Beteiligten stimmen sich automatisch aufeinander ein und passen die Kommunikation aneinander an. Solange Sie sich noch nicht auf Inhalte konzentrieren müssen, geht das einfach besser.

• Bei bekannten Ansprechpartnern ist der Smalltalk natürlich eine gute Gelegenheit an Vertrautes anzuknüpfen. Das ist für die meisten Menschen einfacher, als mit unbekannten Personen über Gott und die Welt zu sprechen.

Smalltalk hat aber auch Nachteile: Manche Menschen wissen nicht worüber sie reden sollen und dann wird der Gesprächseinstieg hölzern. Andere empfinden ihn sogar als Zeitverschwendung. Sie machen vielleicht aus Höflichkeit mit, sehen dabei aber immer leicht gelangweilt aus.

Ob Sie Smalltalk führen, kommt auf den Kunden und auch auf Sie an und zwar in dieser Reihenfolge.

Überlassen Sie dem Kunden zu Beginn die Gesprächsführung

Warten Sie ab, ob der Kunde nach der Begrüßung einen Smalltalk anbietet und worüber er sprechen will. Klingt entspannt, oder? Das ist auf jeden Fall besser, als wenn Sie mit Gewalt ein Thema finden müssen, der Kunde dann verkrampft mitgeht und keiner von ihnen wirklich Spaß an dem Einstiegs-Geplänkel hat.

Also, wenn der Kunde direkt ins Gespräch einsteigen will, ziehen Sie mit. In der Regel bekommen Sie sehr deutliche Hinweise, wie: »Also gut, fangen wir an.«, »Na, dann erzählen Sie mal, worum geht's.« oder ähnlich direkte Aufforderungen.

Wenn Sie aber mit einem Gesprächspartner zu tun haben, der gerne erst einmal über Allgemeines reden will, beteiligen Sie sich bitte offen und interessiert am Gespräch. Egal worum sich der Smalltalk dreht, Sie tun am besten daran, interessierte Fragen zu stellen und dem Kunden eine »Bühne« zu bereiten. Wenn Sie zum Thema passend etwas Interessantes von sich erzählen können, machen Sie das ruhig. Offenheit schafft schließlich Vertrauen. Aber fassen Sie sich dabei kurz und binden Sie den Kunden dann gleich wieder über eine Frage ein.

Diese Strategie ist auch dann nützlich, wenn Sie selbst nicht gerne smalltalken. Sie müssen selbst nicht der brilliante Erzähler sein, sondern können durch Aufmerksamkeit und Respekt glänzen.

Eine gute Aufwärmphase zu Beginn verändert aus meiner Erfahrung die Atmosphäre des gesamten Verkaufsgesprächs. Beispiel: Akquisitionsgespräch bei einem potenziellen Kunden. Die zwei Geschäftsführer erwarteten mich morgens um 8:30 Uhr. Ich hatte die Nacht davor in einem Hotel im Ort verbracht, das mir ein Mitarbeiter des Unternehmens empfohlen hatte. Der Tipp war auch gut, aber der Besitzer des Hotels war etwas speziell.

Da ich den Termin über den Mitarbeiter vereinbart hatte, kannte ich noch keinen meiner Gesprächspartner. Also ging ich vorsichtig an den Smalltalk heran: »Ja, ich habe gut hergefunden… Danke für den Hoteltipp. Das Zimmer war prima….« Ich wollte ja nicht als Meckertante dastehen und mich über den Hotelbesitzer beklagen.

Da grinste einer der Geschäftsführer und fragte: »Und der Hotelbesitzer? Fanden Sie den nicht etwas schräg?« Das war natürlich wunderbar. Ich musste lachen, und wir verbrachten die nächsten 10 Minuten damit über den Hotelbesitzer zu lästern. Besser kann es nicht laufen! Es gehört eben auch ein bisschen Glück dazu. Das eigentliche Gespräch danach lief dann, als würden wir uns schon länger kennen.

FAQ: Ich bin kein sehr guter Smalltalker. Wie kann ich üben?

Wenn Ihnen Smalltalk im Moment noch nicht so leicht fällt, nutzen Sie jede Gelegenheit zum Üben. Sie können in der Buffett-Schlange smalltalken, ihr Gegenüber im Zug in ein Gespräch verwickeln oder sich die Wartezeit beim Behördenbesuch vertreiben.

Wenn Sie Kunden-Veranstaltungen besuchen, gehört Smalltalk sogar unbedingt dazu. Üben Sie sich vor allem im situativen Smalltalk, das heißt, nutzen Sie alles, was um Sie herum passiert als Aufhänger: »Gleich kommt wieder der Buffet-Schock. Haben Sie eine Methode, um sich nicht zu überfuttern?«, »Wie fanden Sie die Eröffnungs-Ansprache/den Vortrag/die Produktpräsentation?«, »Das Hotel hier ist toll, so modern. Gefällt Ihnen der Stil?«

Und noch ein kleiner Tipp: Es ist leichter Menschen anzusprechen, wenn sie neben ihnen stehen und noch keinen Blickkontakt haben. Dadurch wird es für den Angesprochenen leichter zu entscheiden, ob er reagieren will. Wenn Sie dann ins Gespräch kommen, wenden Sie sich automatisch einander zu.

FAQ: Ich finde Smalltalk oberflächlich. Wie kann ich damit umgehen?

Sie haben vollkommen Recht. Smalltalk ist oberflächlich. Und genau darum geht es dabei auch. Sie können Menschen erst einmal beschnuppern, ohne dass es gleich ernst wird.

Auf Veranstaltungen ist es ein großer Vorteil, wenn Sie Smalltalk beherrschen. Sie können erst einmal checken, ob Ihnen ein Gesprächspartner überhaupt liegt, ohne sich schon fest in ein Gespräch einbinden zu lassen. Passt die Chemie nicht, können Sie einen Smalltalk einfacher wieder verlassen, als wenn Sie sich mitten in einem tiefgründigen Gespräch befinden oder Statist eines Monologes Ihres Gegenüber wären.

INFO-BOX: Typgerechter Smalltalk mit DISC

Weil Menschen so verschieden sind, gibt es keine einheitliche Regel über den Smalltalk zu Beginn eines Gesprächs. Für die meisten Menschen gilt, dass ein kurzer unverbindlicher Austausch gut tut, um erst einmal anzukommen und einander zu beschnuppern. Nur etwa 20-25 % Ihrer Kunden fühlen sich wirklich wohler, wenn sie direkt in das Verkaufsgespräch einsteigen können. Als guter Verkäufer sind Sie sicher in der Lage, sich auf die unterschiedlichen Smalltalk-Typen einzustellen und für jeden die richtige Gesprächsatmosphäre zu schaffen:

Dominante Gesprächspartner führen eher keinen Smalltalk. Sie erkennen diesen Typ an seiner selbstbewussten Wirkung, hohem Tempo und kurzen direkten Formulierungen. Wenn Ihr dominanter Kunde doch einen Smalltalk anfängt, geht es meistens um »Heldengeschichten«: Wie hat er eine schwierige Situation gelöst, einem Kollegen gesagt, wo es lang geht oder einen großen Erfolg gehabt. Hören Sie zu und sprechen Sie aufrichtige Anerkennung aus. Damit schaffen Sie eine sehr gute Basis für die weitere Beziehung.

Initiativen Menschen fällt es leicht zu »quatschen«. Sie müssen diese Plaudertaschen nur lassen, dann legen sie los und erzählen lustige Anekdoten über sich, den letzten Urlaub oder ein beliebiges anderes Thema. Für diese Kunden brauchen Sie eher ein Rezept, um den Smalltalk nach angemessener Zeit (maximal 10 Minuten) wieder zu beenden.

Erste Indizien, dass Sie es mit so einem initiativen Energiebündel zu tun haben, bekommen Sie meistens schon vor oder während der Begrüßung. Diese Gesprächspartner kommen manchmal zu spät, sind dann etwas unkonzentriert, schalten aber meistens sehr schnell auf »Charmeoffensive« um. Sie begrüßen Sie strahlend und energiegeladen und eröffnen sofort von selbst den Smalltalk. Die Schwierigkeit bei initiativen Kunden kann eher sein, vom netten Gespräch auf die eigentliche Sache zu kommen. Trotzdem sollten Sie nach einiger Zeit charmant umlenken:

»Ich finde es total interessant und würde am liebsten noch stundenlang weiterreden. Aber ich fürchte, wir müssen so langsam zum Geschäftlichen kommen.«

Passende Themen für diesen Typ: Alle! Diese Smalltalk-Künstler reden gerne über Menschen und Erlebnisse. Hören Sie zu und genießen Sie!

Stetige Kunden beginnen ein Gespräch eher ruhiger. Sie erkennen sie daran, dass sie schon bei der Begrüßung sehr freundlich und warmherzig aber eher zurückhaltend wirken. Sie halten meistens intensiven Blickkontakt und wirken sehr aufmerksam. Dadurch ist es sehr verlockend, selbst viel zu reden, denn ihr Gegenüber wird ihnen sicher zuhören. Aber die bessere Methode ist es interessierte Fragen zu stellen und damit Ihrem Gesprächspartner Raum zu geben: »Wie lange sind Sie denn schon hier im Unternehmen?«, »Wie gefällt Ihnen denn der Neubau Ihres Firmengebäudes? Was hat sich für Sie verändert?« Merken Sie sich bitte, was Ihr Gegenüber Ihnen erzählt. An Ihrem aufrichtigen Interesse werden Sie in Zukunft gemessen.

Passende Themen für diesen Typ: Familie, Gefühle (Wie geht es Ihnen damit? Was bedeutet das für Sie?), Menschen, persönliche Interessen (nach einer Aufwärmzeit)

Die dritte Gruppe von **gewissenhaften** Smalltalkern wird Sie eher distanziert und sachlich begrüßen. Vielleicht wirkt Ihr Gegenüber zu Beginn des Gesprächs etwas unsicher oder ungelenk. In diesem Fall ist es wichtig, Ihren Smalltalk sehr sachlich zu halten. Zur Not geht bei diesem Gesprächspartner auch ein Smalltalk über Standardthemen wie Wetter oder Anfahrt. Noch mehr als bei den anderen ist der Smalltalk für diese Gesprächspartner wichtig, um Nervosität zu überwinden und einen ersten Eindruck von Ihnen zu gewinnen.

Passende Themen für diesen Typ: Themen aus der Fachpresse, Technik, Branche, Wirtschaft

Bevor es richtig losgeht: Setzen Sie den Gesprächsrahmen

Wenn Sie die folgenden drei Schritte in ihre Kontaktphase einbauen, machen Sie sich und Ihrem Gesprächspartner das folgende Gespräch bedeutend leichter.

Bitte stimmen Sie vor dem Beginn des eigentlichen Gesprächs immer ab:

1. **Gesprächsziel** (damit stellen Sie sicher, dass sie nicht aneinander vorbeireden)

Um dem Kunden zu signalisieren: »Sie sind hier die Hauptperson!«, fragen Sie als erstes nach: »Was wäre für Sie heute ein gutes Gesprächsziel? Was wollen Sie heute erreichen?«

Dann können Sie auch Ihre Vorstellungen nennen, aber bitte auch wieder mit dem Fokus auf die Kundeninteressen. Formulieren Sie ein Gesprächsziel, das der Kunde aller Wahrscheinlichkeit nach nützlich findet: »Ich möchte heute gerne verstehen, was Ihnen wichtig ist und auf dieser Basis mit Ihnen zusammen eine erste grobe Idee skizzieren.«

Weitere Tipps zur Zielsetzung finden Sie im Kasten auf Seite 42.

2. **Zeit** (damit Sie planen und Ihre wichtigsten Themen besprechen können)

Stimmen Sie bitte die zur Verfügung stehende Zeit nochmal ab, auch wenn Sie das sicher bereits bei der Terminvereinbarung gemacht haben. Es kann sich immer etwas im Terminplan des Kunden verändern: »Sie hatten mir ja gesagt, dass Sie 90 Minuten Zeit haben. Passt das noch?«

3. Ablauf (so sorgen Sie dafür, dass Sie die Informationen bekommen, die Sie brauchen)

Den Gesprächsablauf sprechen Sie ab, damit Sie sich Zeit für Ihre Fragen sichern. Bitten Sie aber zunächst den Kunden um einen Vorschlag:»Wie wollen wir vorgehen?«

Häufig wird der Kunde einen nützlichen Ablauf vorschlagen: »Ich schlage vor, ich erzähle Ihnen erst einmal, was wir uns vorgestellt haben.« YES! Das ist genau, was Sie wollen.

Eher selten haben Kunden eine andere Vorstellung: »Erzählen Sie doch erst mal.« In diesem Fall dürfen Sie einen Gegenvorschlag machen, natürlich mit kundenorientierter Begründung:

»Darf ich einen Alternativvorschlag machen? Ich würde Ihnen gern erst einmal ein paar Fragen stellen. Dann kann ich nämlich viel gezieltere Informationen geben, die auch wirklich für Sie relevant sind. OK?« Darauf wird sich der Kunde in der Regel einlassen, weil es ihm zugutekommt.

Ein solcher Gesprächseinstieg zeugt von großer Professionalität. Vor allem hilft er Ihnen aber, Ihr Gespräch strukturierter zu führen. Sollten Sie einmal vom roten Faden abkommen, können Sie auf die Vereinbarung verweisen:»Sie sagten ja, dass es Ihnen wichtig ist, einen Vorschlag von mir zu bekommen. Dazu brauche ich noch ein paar Informationen.«

FAQ: Was ist, wenn der Kunde diesen Teil übergeht und gleich anfängt zu erzählen?

Ja, das passiert mir auch manchmal. Dann unterbreche ich den Kunden möglichst schnell, denn später wird es schwieriger, und mache meinen Vorschlag:»Entschuldigung. Wollen wir, bevor wir ins Thema einsteigen noch kurz absprechen, wie wir vorgehen wollen? Dann fällt es uns leichter, an alles zu denken.« Das klappt in der Regel.

INFO-BOX: Plan A,B und C – Gesprächsziele setzen und verfolgen

Wenn Sie nicht wissen, was Sie im Gespräch erreichen wollen, wird es auch schwierig das Gespräch zu lenken. Viele Verkäufer denken, dass Sie ein klares Ziel haben, aber ich finde die Ziele oft nicht sinnvoll und zielführend. »Mich beim Kunden vorstellen« oder »Dem Kunden unsere Firma präsentieren« ist zwar irgendwie ein Ziel, aber keins, das Sie einem Verkauf näher bringt.

Hier drei Tipps zum sinnvollen Umgang mit Zielen:

Fragen Sie sich selbst: »Wozu?«
Wozu stellen Sie sich einem neuen Kunden vor? Damit er hinterher weiß wer Sie sind? OK, er soll wahrscheinlich wissen, was Ihre Firma anbietet und zu welchen Produkten oder Leistungen er Sie ansprechen kann. Und wozu das? Damit Sie etwas verkaufen können. Hurra, ein sinnvolles Ziel!

Ist dieses Ziel erreichbar? Ja, grundsätzlich schon, aber nicht bei jedem Kunden und, je nach Branche, oft nicht beim ersten Gespräch.

Wenn Ihr Ziel also am Ende ist, dem Kunden, wenn sinnvoll möglich, etwas zu verkaufen, was wäre dann ein erreichbarer erster Schritt? Genau: Ihr Ziel könnte sein, im Gespräch miteinander herauszufinden, ob es einen aktuellen Ansatzpunkt für eine Zusammenarbeit gibt und in diesem Fall ein Angebot zu platzieren.

Planen Sie Ziel A, B und C
Damit Sie zielgerichtet vorgehen können, ohne den Kunden zu übergehen, ist es sinnvoll, eine Rückzugsstrategie mit einzuplanen. Wenn Sie merken, dass Sie Ziel A nicht erreichen können, weil der Kunde nicht mitspielt, sollten Sie ein Ziel B haben, damit Sie nicht mit leeren Händen aus dem Gespräch gehen. Nehmen wir an, Ihr Ziel A ist: »Ich ermittle einen aktuellen Bedarf und bespreche mit dem Kunden ein Angebot

dazu.« Dann kann dieses daran scheitern, dass der Kunde zur Zeit keinen aktuellen Bedarf hat. Ziel B kann dann sein:»Interesse wecken, um für zukünftige Projekte mitbieten zu dürfen UND einen nächsten Gesprächstermin vereinbaren.«. Für den Notfall gibt es dann noch immer Plan C: »Die Erlaubnis einholen in Kontakt zu bleiben und vereinbaren, wie!«

Für viele Verkäufer bedeutet ein »Nein« des Kunden den Abbruch des Gesprächs. Die 3-Ziele-Strategie hilft Ihnen das »Nein« umzudeuten zu einem»Nein zu Ziel A, also weiter zu Ziel B.«

Ein Außendienst-Mitarbeiter, den ich zu Kundenbesuchen begleitete, machte mit dieser mehrstufigen Zielplanung gute Erfahrungen. Wir gingen zu einem Kunden, der eigentlich schon abgesagt hatte. Der Außendienst setzte sich zwei Ziele:

Ziel A: Herausfinden, ob es doch noch eine Chance gibt. Ziel B: Herausfinden, warum der Wettbewerber den Zuschlag bekommen hat. Ich empfahl ihm zusätzlich nach weiteren geplanten Investitionen zu fragen. Bingo! Der Kunde kam nach einigem Nachdenken darauf, dass er demnächst eine baufällige Maschine erneuern muss und forderte direkt ein neues Angebot an.

Planen Sie eine zielgerichtete Strategie
Wenn Sie ein klares Ziel A für sich formuliert haben, wird es auch einfacher eine dazu passende Gesprächsstrategie zu definieren. Aus jeder Zielsetzung ergeben sich beispielsweise konkrete Fragen, die Sie stellen müssen, damit Sie ihr Ziel erreichen:
· Wann planen Sie die nächste Investition?
· Wonach gehen Sie bei der Auswahl eines Lieferanten vor?
· Was können wir tun, um mit anbieten zu dürfen?

Nachdem Sie Ihre Ziele aufgeschrieben haben, empfehle ich Ihnen deshalb auch drei bis fünf Fragen zu jedem Ziel zu formulieren, die Sie dann – neben Ihren anderen Fragen – unbedingt stellen sollten.

INFO-BOX: Der berühmte Erste Eindruck

Für die meisten Menschen ist klar, wie sie sich kleiden und geben müssen, um einen guten Eindruck zu machen. Grundsätzlich können Sie Ihrem gesunden Menschenverstand und Ihrer guten Kinderstube vertrauen. Dennoch fallen mir immer wieder mal die folgenden Punkte auf:

Kleidung:
- Nicht jeder hat eine Figur, die perfekt in vorgegebene Konfektionsgrößen passt. Wenn Sie unsicher sind, lassen Sie sich bitte beraten. Das kann ein guter Herren- oder Damenausstatter übernehmen, aber noch besser ist eine Typ- und Stilberatung.
- Auch ein hochwertiger Anzug beult irgendwann aus, wenn Sie täglich im Auto sitzen. Achten Sie also darauf, ihn regelmäßig aufzubügeln.
- In manchen Branchen ist ein legerer Kleidungsstil passend. Dieser darf aber niemals ungepflegt wirken. Jeans sollten gut sitzen und nicht zu »baggy« sein. Auch wenn Sie statt Hemd zum lässigeren Polohemd oder T-Shirts greifen, sorgen Sie bitte dafür, dass es gebügelt ist.
- Die Frage: »Was ist die korrekte Kleidung im Außendienst?«, lässt sich nicht grundsätzlich beantworten. Es gibt aber drei wichtige Aspekte: Kleidung sollte zu Ihrem Unternehmen, den Erwartungen Ihrer Kunden und zu Ihnen passen. Tauschen Sie sich mit Ihren Kollegen und ihrem Vorgesetzten aus, was das in Ihrem Fall bedeutet. Und im Zweifel kleiden Sie sich eine Nuance besser als Sie denken. Das zeugt von Ihrem Selbstbewusstsein und Ihrem Respekt den Kunden gegenüber.
- Passen Sie sich der Situation an, indem Sie eine zweite Jacke im Auto haben. Für die Baustelle ist vielleicht eine Leder- oder Sicherheitsjacke passend. Für den Bürotermin beim nächsten Kunden, können Sie dann ins Sacco wechseln.

Schuhe:
- Schuhe dürfen nicht abgetragen wirken und müssen immer geputzt sein. Für schmuddelige Tage können Sie sich eine Schuhbürste ins Auto

packen. Das gilt auch für Arbeitsschuhe, wenn Sie zum Beispiel auf Baustellen unterwegs sind.

- Bei Terminen im Büro tragen Sie bitte immer einen eleganteren Schuh. Wenn Sie bei Terminen auf Baustellen oder in Produktionen Sicherheitsschuhe tragen müssen, legen Sie sich ein Paar gepflegte Lederschuhe ins Auto und wechseln Sie vor dem nächsten Bürotermin.
- Lassen Sie Sohlen und Absätze regelmäßig erneuern und sortieren Sie Schuhe aus, wenn sie abgetragen sind.

Fahrzeug:
Außendienstfahrzeuge sind »Wohnautos«. Im Kofferraum häufen sich Muster und Prospekte. Das Mittagessen findet auf dem Beifahrersitz statt. Und auch sonst transportieren Sie darin alles, was Sie für Ihren Arbeitsalltag brauchen. Bitte achten Sie deshalb besonders darauf, dass ihr Auto jederzeit aufgeräumt und sauber aussieht. Es kann immer mal passieren, dass ein Kunde Sie zum Auto begleitet oder sogar mitfährt. Am besten bereiten Sie sich immer auf so eine Situation vor: Waschen Sie ihren Wagen jede Woche, saugen Sie regelmäßig und halten Sie den Innenraum ordentlich.

Unterlagen:
Das ist noch so eine Kleinigkeit, die oft untergeht: Werfen Sie doch mal einen kritischen Blick auf Ihre Verkaufsmappe. Sieht die noch so richtig sauber und ordentlich aus? Keine Ecken abgestoßen, Zeigemappen aufgerissen oder Seiten angegraut? Alles pikobello? Glückwunsch, so sollte es sein! Wenn sie diesen Test nicht bestanden haben, gönnen Sie sich einfach mal wieder eine Totalerneuerung. Doch in Zeiten des IPads, dürfte sich diese Frage bald erledigen.

Geruch:
Nein, ich werde Ihnen jetzt nicht predigen, dass Sie Knoblauch vermeiden sollen. Das müssen Sie schon selbst entscheiden.
Aber ich habe eine Bitte an die Raucher unter Ihnen. Bitte rauchen Sie nicht direkt vor dem Kundenbesuch. Als Nichtraucherin kann ich Ihnen versichern, dass der Geruch kalten Rauches sehr unangenehm ist.

Immer mal wieder erlebe ich leider Außendienst-Mitarbeitern mit Körpergeruch. Wenn Sie morgens duschen, Deo benutzen und ein frisches Hemd anziehen, dürfte das kein Problem sein. Doch an einem heißen Tag ist es eventuell nötig, dass Sie sich mittags nochmal frisch machen. Ein Waschlappen, Deo und ein neues Hemd im Auto, können da wie ein Erste-Hilfe-Koffer wirken.

Individualität:
Ab und zu fragen mich Verkäufer, ob es in Ordnung ist, eine individuelle Note auszuleben? Letztendlich müssen Sie das natürlich selbst entscheiden. Aber mit einem wilden Vollbart, Piercings oder auffallenden Anzügen machen Sie vor allem sich selbst das Leben schwer. Viele Kunden bauen unwillkürlich Vorurteile auf, die Sie dann erst widerlegen müssen. Überlegen Sie also, ob Sie Ihre äußerlichen »Statements« nicht auf Ihr Privatleben beschränken können. Glauben Sie mir, Sie tun sich damit einen Gefallen.

Grundsätzlich gilt: Dem Kunden fällt leider nicht auf, wenn bei Ihnen alles perfekt ist. Aber er wird sofort merken, wenn Sie an irgendeiner Stelle nachlässig waren. Geputzte Schuhe sieht kein Mensch, schmutzige leider schon! Mit jeder Nachlässigkeit bauen Sie eine Hürde auf, die Sie wieder abbauen müssen. Tun Sie sich das nicht an!

KAPITEL 4

DER 3-STUFIGE LÖSUNGSDIALOG

Als nächstes steigen Sie in die Haupt-Phase des Verkaufsprozesses ein. Systematisch führen Sie den Kunden zu einem konkreten Angebot. Er begreift, dass es nur um ihn, sein Problem und seine Lösung geht. Und er bekommt den Eindruck, dass Sie und ihr Unternehmen sein Problem besser lösen können, als alle anderen.

Klingt cool, oder? Und das Tolle ist, es funktioniert meistens wirklich. Meistens heißt: Es funktioniert dann, wenn ihr Produkt für den Kunden passt. Ein unpassendes Produkt (damit meine ich auch Dienstleistungen, Systemlösungen und alles andere), können Sie bei aller Verkaufskunst nicht schönreden. Und Sie sollten es um Himmels Willen auch nicht tun. Aber wenn ihr Angebot für den Kunden nützlich ist, können Sie in dieser Phase dafür sorgen, dass er das auch versteht! Legen wir also los:

4.1. Verstehen – Lauschen und Lernen Sie

In dieser Phase des Gesprächs können Sie es sich ganz leicht machen. Sie müssen noch keine Ideen und Lösungsvorschläge bringen. Und auch Beratung und Argumentation ist noch nicht gefragt. Leeren Sie einfach Ihren Kopf, die Gehirnzellen dürfen drin bleiben, und hören Sie richtig gut zu.

Vielleicht sagen Sie jetzt: »Ist doch nicht neu. Dass ich den Kunden fragen muss, um zu wissen, was ich ihm anbiete, habe ich schon 1000 Mal gehört.«

Ja, die meisten geschulten Verkäufer wissen, dass sie fragen müssen. Und tatsächlich stellen die meisten Verkäufer auch ein paar Fragen zum Bedarf des Kunden. Ich bin aber der Meinung, das ist immer noch viel zu wenig.

Den Kunden zu verstehen, heißt nämlich viel mehr, als seinen sachlichen Bedarf zu kennen. Den Kunden zu verstehen, heißt:

- seine Meinung über Ihre Produkte und Ihre Firma zu kennen
- zu verstehen, wie er tickt, agiert und entscheidet
- sein Umfeld und Entscheidungsnetzwerk zu kennen
- seine Sprache und Argumentation zu kennen
- zu wissen, welche Argumente ihn überzeugen werden
- konkret einzuschätzen, ob Sie an ihn verkaufen können
  oder nicht

Vielleicht gehören Sie schon zu den Verkäufern die sich ein so umfassendes Bild vom Kunden machen. Gratulation! Dann gehören Sie zu den löblichen und seltenen Ausnahmen. Machen Sie weiter so!

Machen Sie sich nichts daraus, wenn Sie sich gerade selbst ertappt haben, dass Sie eher zu den Rednern als zu den Fragestellern gehören. Das geht den meisten Verkäufern eine lange Zeit so. Meinen Sie etwa, ich war früher besser?

Dennoch möchte ich Sie ermutigen, etwas zu verändern. Ich habe nämlich schon mit sehr vielen Verkäufern genau an dem Thema gearbeitet. Und alle, die in Besuchsbegleitungen und Rollenspielen die Erfahrung gemacht haben, wie es sich anfühlt sich mehr zurückzuhalten, zu fragen und gut zuzuhören, gaben hinterher das gleiche Feedback: »Es war viel leichter!« Das ist doch toll, oder? Also, schauen wir uns an, was Sie alles durch fragen herausfinden können:

FAQ: Stopp! Muss ich nicht erst mal meine Firma vorstellen?

Da gibt es sicher eine Menge zu sagen, oder? Und genau deshalb empfehle ich Ihnen, jetzt noch keine Firmenvorstellung zu machen. Sie können ja im Moment noch gar nicht einschätzen, welche Informationen für den Kunden überhaupt relevant sind. Wenn Sie wollen, können Sie eine kurze Firmenvorstellung von ein bis zwei Sätzen machen (siehe Kapitel Neukundentelefonate ab Seite 27). Weitere Infos geben Sie dann aber erst später gezielt, wenn Sie wissen, was dem Kunden wichtig ist.

VERSTEHEN SIE DEN KRITERIENKATALOG DES KUNDEN

Jeder Kaufentscheidung liegt eine ganze Liste von Wünschen zugrunde. Darunter gibt es harte Fakten und weiche Kaufmotive. Manches sind K.O.-Kriterien, anderes ist »Nice to have«. Erst wenn möglichst viele dieser Kriterien erfüllt sind, kommt das Kriterium »Preis« ins Spiel. Das glauben Sie nicht? Ihre Kunden kaufen alle nur nach dem Preis? Ich beweise Ihnen das Gegenteil!

Beispiel: Stellen Sie sich vor, Sie möchten ein Auto kaufen. Es muss nichts Spezielles sein, vielleicht reicht ein einfacher Gebrauchtwagen. Wenn ich Ihnen nun ein Auto für 50 Euro anbiete, würden Sie es nehmen? Wahrscheinlich nicht, solange Sie nichts über das Auto wissen. Dabei könnten Sie sich ja sagen: »Ist doch egal, für den Preis kann ich gar nichts verkehrt machen.« Aber selbst in diesem Fall, kommt ihr Kriterien-Katalog ins Spiel. Ich rate mal: Das Auto muss wahrscheinlich fahrtauglich sein und verkehrssicher. Möglichst muss es noch TÜV (MFK) haben und reinregnen darf es wahrscheinlich auch nicht. Dann haben Sie vermutlich auch noch gewisse Ansprüche an Verbrauch und Unterhaltskosten. Und wenn das Auto diese Kriterien nicht erfüllt, nehmen Sie es noch nicht einmal für 50 Euro, richtig?

Genauso ist es auch bei Ihrem Kunden. Er hat oder entwickelt mit der Zeit einen Kriterienkatalog. Zum Teil ist ihm dieser bewusst, zum Teil muss er sich erst mit Ihrer Hilfe darüber klar werden. Dieser Kriterienkatalog ist Grundlage für die Entscheidung. Wenn mehrere Anbieter in der Lage sind die Kriterien zu erfüllen, entscheidet der Preis. Je besser Sie den Kriterienkatalog und seine Prioritäten kennen, desto besser verstehen Sie ob ihr Angebot gute Chancen hat.

Harte Fakten sind übrigens längst nicht so wichtig, wie emotionale Entscheidungsfaktoren und –motive. Schauen Sie dazu den Kasten auf der gegenüberliegenden Seite an.

DER KUNDE GLAUBT SICH SELBST AM MEISTEN

Die Phase des Verstehens ist wichtig, damit Sie viele Informationen und Verkaufsansätze bekommen. Es passiert aber noch etwas anderes, das mindestens genau so wichtig ist: Der Kunde denkt über seinen Bedarf und seine Bedürfnisse nach, weil er darüber spricht. Er begibt sich gedanklich in die Problemsituation, die er lösen möchte oder entwickelt eine Zielvorstellung, die er erreichen möchte. Für Sie wird es dadurch später viel leichter anzuknüpfen. Ihre Vorschläge treffen buchstäblich auf offene Ohren.

Dazu kommt ein wichtiges psychologisches Prinzip: Menschen, die sich einmal zu einer Meinung oder Überzeugung bekannt haben, versuchen diese immer wieder zu bestätigen. Das Prinzip, das dahinter steckt, nennt der amerikanische Psychologe Robert B. Cialdini »Commitment und Konsistenz«*

Wenn Sie dem Kunden erklären, dass er ein Problem hat, heißt das noch nicht, dass er dies auch akzeptiert. Wenn der Kunde aber genau das Gleiche selbst ausspricht, glaubt er es. Die Faktenlage kann identisch sein, trotzdem ist der Unterschied meistens gewaltig.

*   Robert B. Cialdini: Die Psychologie des Überzeugens

INFO-BOX: Weiche Faktoren entscheiden, harte Faktoren beweisen

Hirnforscher sind sich inzwischen weitgehend einig: Wir werden viel mehr durch emotionale und unwillkürliche Prozesse beeinflusst, als durch bewusste, vom Verstand gesteuerte.

Das hat mit dem Aufbau und vor allem der Reaktionsgeschwindigkeit unserer unterschiedlichen Gehirnbereiche zu tun. Meistens ist eine Entscheidung intuitiv schon gefallen, während wir noch versuchen sie intellektuell zu treffen und zu erklären. Das ist bei Kunden natürlich genauso. Sie entscheiden unbewusst schon sehr schnell auf Basis von weichen Faktoren, versuchen dann aber ihre Entscheidung durch Fakten zu belegen.

Ich finde es dazu hilfreich einige typische emotionale Kaufmotive zu kennen. Damit können Sie im Gespräch besser heraushören, welche weichen Faktoren dem Kunden besonders wichtig sind.

1. Bequemlichkeit
Der Kunde bevorzugt Produkte und Lösungen, die ihm die Arbeit erleichtern.

2. Sicherheit
Der Kunde möchte Risiken vermeiden oder verringern, um Ärger, Kritik oder Umstände zu vermeiden.

3. Anerkennung
Die Kaufentscheidung soll dem Kunden helfen, gut dazustehen. Er versucht sich zu profilieren.

4. Sympathie
Der Kunde kauft, weil er sich mit dem Verkäufer besonders wohl fühlt. Aber auch das Produkt kann ihm sympathisch sein, weil es schön aussieht oder sich gut anfühlt.

5. Soziale Verantwortung

Der Kunde bevorzugt beispielsweise Lösungen, die gut für die Umwelt oder für die Gesundheit sind. Aber auch der Erhalt von Arbeitsplätzen kann eine Rolle spielen.

6. Gewinn

Der Kunde will gewinnen und persönliche Vorteile für sich erreichen. Er entscheidet zum Beispiel danach, ob er einen besonders günstigen Preis aushandeln oder eine Sonderleistung erkämpfen konnte.

7. Spaß

Produkte, die der Kunde anfassen und ausprobieren kann, sind für ihn besonders interessant. Er begeistert sich für alles, was neu und aufregend ist.

Die Kaufmotive wirken auch, wenn Verlust droht. Beispiel: Eine alte Maschine läuft nicht mehr reibungslos. Der Kunde verliert also Sicherheit, solange er sich nicht für eine Neue entscheidet. Die Kaufentscheidung bringt Sicherheit zurück.

Manche dieser Kaufmotive wird ihr Kunde offen ansprechen (zum Beispiel: Sicherheit oder soziale Verantwortung), andere zeigen sich eher »zwischen den Zeilen« (zum Beispiel: Anerkennung und Spaß). Wenn Sie die sieben Kaufmotive kennen, werden Sie aber viele Hinweise heraushören können. Wenn Sie dem Kunden später Lösungen vorschlagen, können Sie stimmigen Argumente entsprechend anpassen.

Und auch wenn der Kunde eine emotional gesteuerte Entscheidung getroffen hat, braucht er von Ihnen logische Argumente, um sich dafür zu rechtfertigen.

DIE EINSTELLUNG DES KUNDEN BESTIMMT IHRE STRATEGIE

Ich weiß ja nicht, wie es bei Ihnen ist, aber nach meiner Erfahrung haben sehr viele Verkäufer beim Verkaufen nur eine Vorgehensweise: sie zählen Argumente für ihr Produkt auf und begründen diese dann. Mir ist auch vollkommen klar, wie das kommt. Ihre Firma stellt Ihnen ja vor allem Argumente zur Verfügung: Listen mit Vorteilen, Nutzenargumentationen, Wettbewerbsvergleichen und Musterrechnungen. Aber oft führen diese Informationen Sie in eine ganz falsche Richtung.

Hier zwei typische Szenarien, an denen ich Ihnen erklären kann, was ich meine:

A: Verkaufsleiter Huber ist schon positiv eingestimmt, bevor ich das Gespräch mit ihm beginne. Er hat schon erlebt, dass Verkaufstraining wirksam ist und hat auch über mich schon gute Rückmeldungen von Kollegen bekommen.

B: Verkaufsleiter Bauer dagegen ist überaus kritisch. Er glaubt nicht nur, dass Verkaufen eher eine Sache von Talent und Einstellung ist, als etwas, das man lernen kann. Zusätzlich hat er auch noch Verkaufstrainings erlebt, die wenig nachhaltig waren.

Für die beiden Ansprechpartner brauche ich total unterschiedliche Strategien:

Herrn Huber in Fall A muss ich gar nicht mehr von Verkaufstrainings als solches überzeugen. Hier geht es eher darum, was er wann plant und welche Zielsetzungen erfüllt werden sollen. Und vielleicht müssen wir noch gemeinsam überlegen, wie sein Chef überzeugt werden kann, das Geld zur Verfügung zu stellen.

Verkaufsleiter Bauer dagegen muss ich erst einmal da abholen, wo er steht. Am besten rede ich mit ihm über seine vergangenen Verkaufstrainings und finde heraus, welche negativen Erfahrungen er oder sein Team dort gemacht haben. Diese gilt es in Zukunft zu vermeiden. Zusätzlich suchen wir gemeinsam die Punkte, die auch talentierte Mitarbeiter noch in einem Verkaufstraining lernen können.

In beiden Fällen würde ich mit Argumenten für mein Produkt, in meinem Fall Verkaufstrainings, nicht weit kommen. Bei Herrn Huber würde ich offene Türen einrennen, Herrn Bauer brächte ich eher in den Widerstand.

Nur wenn ich zu Beginn des Gesprächs frage: »Was denken Sie über Verkaufstraining? Welche Erfahrung haben Sie damit gemacht?«, bekomme ich Informationen über die Meinung und Einstellung des Kunden und kann eine passende Strategie entwickeln.

Die Erlebnisse und Erfahrungen der Kunden sind auch ein wichtiger Schlüssel für eine weiteren Verkaufschance: Probleme, die der Kunde schon mal hatte.

FINDEN SIE EIN PROBLEM

Stellen Sie sich folgende Situation vor. Sie möchten, dass ein Kunde ihre elektronische Überwachungslösung für Pappnasen kauft. Durch einen kleinen Sensor, wird der Sitz der Pappnase ständig gemessen. Wenn sie sich vom Nasenflügel löst, ertönt ein Warnton oder ein Vibrationsalarm. Die meisten Verkäufer versuchen es so: »Wir haben da noch einen Überwachungssensor. Mit dem können Sie.... Soll ich den noch mit aufschreiben?«

Viel besser ist folgende Vorgehensweise:
Überlegen Sie erst einmal, wann ein Kunde dieses Zusatzfeature kauft. Er kaufte es, wenn ihm seine Pappnase schon mal abgefallen ist. Und noch eher, wenn ihm das vor versammeltem Publikum passiert ist. Fragen Sie also erst einmal nach, welche Erfahrungen ihr Kunde schon gemacht hat.

Durch ihre Frage, laden Sie den Kunden ein, sich zu erinnern. Und wenn er Ihnen erzählt, wie das damals war, versetzt er sich in die unangenehme Situation noch einmal hinein. Und dadurch wird ihm bewusst, wie wertvoll eine zusätzliche Absicherung wäre. Wenn Sie dann anknüpfen, verkaufen Sie das Zusatzfeature: »Dieses Erlebnis war offensichtlich sehr unangenehm. Unsere Nasen sitzen zwar grundsätzlich sehr sicher. Aber damit Sie garantiert nie wieder vor dem australischen Botschafter ohne Pappnase dastehen, empfehle ich Ihnen den Überwachungssensor.«

Übrigens: Kunden direkt nach Problemen zu fragen, wirkt manchmal etwas plump. Eleganter finde ich es, die Frage mit einer wahren Geschichte zu verknüpfen: »Letzte Woche hat mir ein Kunde erzählt, wie er seine Pappnase mitten in der Vorstellung bei einem Handstand verloren hat. Sie ist ihm einfach von der Nase gefallen, weil er nicht gemerkt hat, dass Sie locker war. Haben Sie so etwas auch schon mal erlebt?« Wenn Sie damit ein gängiges Problem ansprechen, bekommen Sie wahrscheinlich eine Antwort, die später nützlich für Sie ist: »Nein, mir nicht, aber ein Kollege. Stellen Sie sich vor...«

SCHAFFEN SIE EINE ERZÄHL-ATMOSPHÄRE

Um Ihren Kunden zum Reden zu bringen, müssen Sie zuhören und zwar richtig. Dass bedeutet offen zu sein und noch nicht über die nächste Antwort oder Ihr Mittagessen nachzudenken. Ich weiß, manchmal ist das gar nicht so leicht. Aber mit etwas Übung schaffen Sie das.

Wenn Sie ganz aufmerksam sind, signalisieren Sie das auch durch Ihre Mimik, Gestik und Körpersprache. Und was das Tollste ist: Sie müssen darauf nicht mal achten. Wenn Sie voll auf den Kunden fokussiert sind, halten Sie automatisch Blickkontakt, sind ihm mit dem Körper voll zugewandt und geben typische Zuhörsignale wie Nicken, zustimmendes Brummen und so weiter. Und all das signalisiert dem Kunden wiederum: »Ich will wirklich wissen, was Sie denken!«

Geben Sie Ihrem Gesprächspartner bitte auch Zeit zum Nachdenken. Nicht auf jede Ihrer Fragen hat er sofort eine Antwort parat. Wenn Sie nach einer Frage schweigen, kann ihr Gegenüber einen Moment überlegen. Dass er das tut, erkennen Sie an seinem Blick: er schweift ab und die Augen blicken meistens unfokussiert nach schräg oben oder unten.

Und noch ein Tipp für Vollprofis: Warten Sie nach jeder Antwort des Kunden noch zwei bis drei Sekunden, bevor Sie wieder etwas sagen. Sie werden merken, dass diese kurze Pause noch einmal neue Gedanken hervorruft. Der Kunde spricht in dem Fall oft weiter. Und die Informationen die dann kommen, sind häufig besonders interessant.

Übrigens fragen mich immer wieder Verkäufer, ob sie sich Notizen machen sollen. Ja bitte, unbedingt! Notizen sind nicht nur dazu da, dass Sie sich hinterher besser erinnern können. Sie signalisieren dem Kunden auch: Was Sie sagen, ist mir wichtig. Auch das steigert seine Redebereitschaft. Aber Achtung: Lassen Sie sich durch Ihre Notizen nicht zu stark ablenken. Schreiben Sie lieber nur einzelne Worte auf, so dass Sie zwischendurch immer wieder hochschauen und in den Blickkontakt gehen können. Direkt nach dem Gespräch können Sie ihr »Kauderwelsch« dann noch ergänzen, damit Sie auch später noch verstehen, was Sie gemeint haben.

Also, auf geht's. Hören Sie gut zu! Der Kunde erklärt Ihnen gerade, wie Sie ihm etwas verkaufen können.

FAQ: Ich weiß aus Erfahrung oft schon sehr schnell, was der Kunde braucht. Muss ich dann trotzdem noch fragen?

Ja bitte, unbedingt! Denn Ihre Fragen dienen ja nicht nur zur Informationsbeschaffung. Der Kunde überzeugt sich durch die Antworten auch selbst. Erst wenn er selbst ausgesprochen hat, dass er ein Problem XY hat, wird er offen dafür sein, dass er dafür auch eine Lösung braucht. Zudem hört Ihnen der Kunde immer viel besser zu, wenn Sie ihn später zitieren: »Sie haben vorhin gesagt, dass Sie eine Lösung für XY suchen. ... da habe ich folgenden Vorschlag...«.

FAQ: Ich habe gar nicht genug Zeit, um so lange zu fragen und zuzuhören. Bin ich mit einer kürzeren Bedarfsermittlung nicht schneller?

Vielleicht haben Sie im Moment das Gefühl, dass die Informationsbeschaffung auf diese Weise sehr lange dauert und tatsächlich wird Ihre »Bedarfsermittlung« auch länger werden als bisher. Aber ich verspreche Ihnen, dass Sie diese Zeit später mehrfach wieder einsparen, weil Sie viel weniger diskutieren, verhandeln und nachbessern müssen. Außerdem überzeugen Sie auf diese Weise mehr Kunden. Auch das verspreche ich Ihnen. Also ist die Zeit doch gut investiert, oder?

FAQ: Ich traue mich gar nicht so viel zu fragen. Wirkt das nicht wie ein Verhör?

Verhörcharakter bekommt Ihr Gespräch nur dann, wenn Sie viele geschlossene Fragen stellen, die der Kunde mit »Ja« oder »Nein« beantwortet. Meistens bekommen Sie dadurch nämlich recht wenige Informationen und müssen verhältnismäßig viele Fragen stellen.

Stellen Sie in dieser Phase also bitte offene Fragen. Vielleicht kennen Sie diese auch als W-Fragen. Diese beginnen mit: Was, Wann, Wo, Wie viel, Wer... und führen zu offenen und informativen Antworten. Gut gefragt bekommen Sie mit wenig Mühe viele Informationen. Eine ganze Reihe von Fragen habe ich Ihnen in der Infobox auf Seite 62 zusammengestellt.

Außerdem werden Sie ja nicht nur fragen. Wie in jedem normalen Gespräch kommentieren Sie auch die Antworten, zeigen Erstaunen oder loben positive Aspekte. Sehr hilfreich ist es zudem, wenn Sie komplizierte Erklärungen in eigenen Worten wiedergeben. Damit zeigen Sie, dass Sie zuhören und zusätzlich vermeiden Sie Missverständnisse.

FAQ: Meine Kunden sind alle so kurz angebunden. Woran liegt das?

Dass Kunden wortkarg reagieren, passiert oft, wenn Sie entweder gar nicht wirklich fragen oder ungünstige Fragen stellen. Ein paar typische Fallen in der Fragetechnik sind:

Kettenfragen: Sie beginnen mit einer offenen Frage und hängen dann mehrere Antwort-Optionen an: »Was haben Sie sich vorgestellt? Soll es eher... oder ... oder ... oder ... sein?« Der Kunde wird verwirrt und erinnert sich nur noch an die letzten ein bis zwei Punkte.

Feststellungen mit Fragezeichen: Das fühlt sich für Sie vielleicht an wie eine Frage, eigentlich ist es aber keine und Kunden antworten entsprechend kurz: »Sie haben schon einen Lieferanten?«

Suggestiv-Fragen: Sie legen dem Kunden die Antwort schon in den Mund: »Sind Sie nicht auch der Meinung, dass...«. Der Kunde merkt, dass Sie gar nicht wirklich wissen wollen, was er denkt und macht innerlich dicht.

Rhetorische Fragen: Das sind Fragen, bei denen die Antwort schon vorher klar ist. Auf die Frage: »Wie wichtig ist Ihnen Qualität?«, antwortet jeder Kunde: »Wichtig«. Aber dadurch haben Sie noch nichts Neues erfahren. Bei den letzten beiden Frageformen vermutet der Kunde Manipulation und schottet sich ab.

FAQ: Ich weiß, dass ich zu wenig frage. Im Gespräch denke ich einfach nicht daran oder mir fallen nur geschlossene Fragen ein. Was kann ich tun?

Am besten schreiben Sie sich vor dem Gespräch 15-20 offene Fragen auf. Sie können den Zettel mit den handgeschriebenen Fragen dann ruhig mit ins Gespräch nehmen. Der Kunde freut sich, wenn Sie gut vorbereitet sind. Dann nutzen Sie Ihre Frageliste als Spickzettel, das heißt Sie müssen nicht alles fragen, können sich aber immer wieder daran orientieren.

FAQ: Meine Kunden haben manchmal völlig unrealistische Ideen. Wie gehe ich damit um?

Vielleicht sind die Ideen einfach nur ungewöhnlich und Sie können sich im Moment noch nicht vorstellen, wie die Umsetzung funktioniert? Oder vielleicht sind sie auch wirklich nicht umsetzbar. Auf jeden Fall empfehle ich, dass Sie in dieser Phase erst einmal gut zuhören und hinterfragen: »Was genau ist Ihnen dabei wichtig?«, »Wie ist diese Idee entstanden?« oder »Worum geht es Ihnen dabei?«. Oft ergeben sich dadurch Alternativen.

Die größte Gefahr ist, dass Sie den Kunden für seine Unwissenheit gedanklich verurteilen. Und vielleicht machen Sie innerlich sogar dicht, weil Sie das Gefühl bekommen: Das wird sowieso nichts.

Manchmal ist ein Kunde aber einfach sehr innovativ. Wenn er dann auch noch bereit ist für seine verrückte Idee zu zahlen, machen Sie ein gutes Geschäft und haben eine interessante Referenz. Diese Chance wollen Sie sich doch sicher nicht entgehen lassen, oder?

FAQ: Für mich ist es ganz wichtig, das Budget des Kunden zu kennen. Aber danach kann ich doch nicht fragen, oder?

Doch, na klar. Wenn Sie das Budget wissen müssen, um ein passendes Angebot zu machen, fragen Sie einfach. Oft bekommen Sie eine Antwort, manchmal nicht. Aber einen Versuch ist es immer wert.

Grundsätzlich habe ich die Erfahrung gemacht, dass Sie alles fragen können, solange Sie dabei freundlich bleiben. Und es lohnt sich fast immer! Wenn der Kunde keine Antwort geben will, bleiben Sie entspannt und gehen Sie zur nächsten Frage über.

Ein Teilnehmer eines Seminars hat mal den schlauen Satz gesagt: »Gute Verkäufer bewegen sich immer auf einem schmalen Grat zwischen plump und unkompliziert.« Das finde ich super! Haben Sie keine Angst mal plump zu sein. Mit einem herzlichen Lächeln und einem charmanten »Ich hab's versucht. Hätt' ja klappen können!«, fangen Sie jeden Kunden wieder ein.

INFO-BOX: Nützliche Fragen für die Phase 1: »Verstehen«

Klingt das alles kompliziert? Dann machen Sie es sich einfacher: Benutzen Sie die folgenden Fragen, hören Sie gut zu und lassen Sie Ihrer gesunden Neugierde freien Lauf.

Ins Thema führen:

Wenn der Kunde zum Termin gebeten hat:

- Erzählen Sie mal. Was haben Sie vor?
- Was haben Sie sich schon überlegt?
- Was ist konkret geplant?

Wenn Sie um den Termin gebeten haben:

- Was interessiert Sie zum Thema... besonders?
- Welche Erfahrungen haben Sie schon mit...?
- Von anderen Kunden höre ich oft... Was sind ihre Erfahrungen dazu?

Ein Bild machen:

- Wie machen Sie...?
- Wer kümmert sich im laufenden Betrieb um...?
- Was haben Sie sonst noch (für Maschinen)...?
- Wie lösen Sie Problem X?

Den Kriterienkatalog verstehen:

- Was ist Ihnen beim Kauf eines... wichtig? Oder: Was ist Ihnen bei der Auswahl eines Lieferanten für... wichtig?
- Und was noch?
- Gibt es weitere Punkte, die Ihnen wichtig sind?
- Sie sagten A, B und C. Gibt es noch weitere Kriterien?

Begriffe klären:

Hinterfragen Sie allgemeine Punkte, wie »Qualität und Flexibilität«:

- Was genau bedeutet für Sie Qualität?
- Welche konkreten Erwartungen haben Sie in Punkto Flexibilität?
- Woran konkret machen Sie guten Service fest?

Bitte fragen Sie so lange nach den wichtigen Kriterien, bis dem Kunden nichts mehr einfällt. Zu Beginn nennt er nämlich nur Offensichtliches wie »Preis« und »Qualität«. Die wirklich entscheidenden Kriterien kommen später. Wenn die Liste sehr lang ist, fragen Sie auch noch nach Prioritäten:

- Und was davon ist Ihnen am wichtigsten?
- Welches sind K.O. Kriterien?
- Was ist verhandelbar?

Die Einstellung verstehen:

- Welche Erfahrung haben Sie mit...?
- Was denken Sie über...?
- Viele denken... Wie sehen Sie das?

Probleme finden:

- Einige unserer Kunden berichten über Probleme mit...
  Wie ist das bei Ihnen?
- Wenn wir zusammenarbeiten ist es wichtig für mich zu verstehen, was bei bisherigen Lieferanten nicht so gut lief, damit wir nicht in dieselbe Falle tappen. Worauf müssen wir achten?
- Auf einer Skala von Eins bis Zehn: Wie zufrieden sind Sie mit ihrem Lieferanten? Und was fehlt zur Zehn?

Auf diese Frage sagt fast niemand Zehn. Und wenn doch, wissen Sie Bescheid: über Probleme kommen Sie hier nicht rein. Nur über sensationelle Zusatzleistungen, die der Kunde als nützlich empfindet.

INFO-BOX: DISC in der Phase »Verstehen«

Nicht jeder Kunde ist gleich auskunftsfreudig. Deshalb ist es gut, wenn Sie ihre Strategie anpassen:

Dominante Gesprächspartner sind ungeduldig. Generell sind die Gespräche mit ihnen kürzer. Nach meiner Erfahrung sind Gespräche mit Dominanten Kunden ungefähr um ein Drittel kürzer als mit anderen Typen.

Das bedeutet für Sie, dass Sie schneller Ihre Informationen zusammentragen müssen. Bereiten Sie deshalb unbedingt konkrete Fragen vor, die Sie klären wollen. Reduzieren Sie diese aber auf das notwendige Minimum. Im Gespräch gilt dann: Bleiben Sie dran, auch wenn der Kunde schon etwas ungeduldig wird, bis Sie Ihre Fragen geklärt haben. Zur Not können Sie noch mal erwähnen: »Ich brauche das, damit Sie ein wirklich passendes Angebot von mir bekommen können.«

Initiative Kunden verhalten sich in dieser Phase genau gegenteilig. Einmal angestoßen reden und reden sie. Das ist sehr praktisch, solange sie am Thema dran bleiben. Allerdings neigen sie auch zum Abschweifen. Holen Sie sie einfach immer wieder freundlich und geduldig durch Fragen zurück. Bei Gesprächspartnern mit hohem initiativen Anteil, ist es besonders wichtig, dass Sie sich Notizen machen. In dem oft etwas unstrukturierten Gespräch, gehen Ihnen sonst Informationen durch die Lappen. Und da es außer Ihnen niemand tut, müssen Sie für den roten Faden sorgen.

Stetige Kunden schätzen vor allem eine entspannte Gesprächsatmosphäre. Sie brauchen manchmal etwas Zeit zum Nachdenken. Bleiben Sie dann einfach ruhig und warten Sie die Antwort ab. Falls ihr Kunde eine Frage nicht beantworten kann, entlasten Sie ihn mit einem verständnisvollen Satz: »Nicht schlimm, wir können die Information später noch besorgen.« Es kann sonst nämlich passieren, dass ihm seine »Unwissenheit« peinlich ist und er sich dafür endlos entschuldigt.

Da **gewissenhafte** Kunden meistens sehr gut informiert sind, freuen sie sich über eine Gelegenheit ihr Fachwissen zu zeigen. Sie werden Ihre Fragen also wahrscheinlich bereitwillig beantworten.

Ansprechpartner mit ausgeprägtem gewissenhaften Anteil fragen allerdings auch selbst viel. Dadurch übernehmen sie manchmal unbewusst die Gesprächsführung. Wenn das zwischendurch passiert, ist es auch kein Problem. Schließlich zeugt das ja von Interesse. Passen Sie aber bitte auf, dass Sie nicht schon in Details abschweifen und dass Sie trotzdem Ihre Informationen bekommen. Mein Tipp: Antworten Sie kurz und prägnant und hängen Sie dann sofort eine Gegenfrage an: »Ja wir haben eine große und eine kleine Display-Variante. Welche ist denn für Ihre Zwecke eher geeignet?«

4.2. Entwickeln – Ärmel hochkrempeln und los!

So langsam werden Sie einen Eindruck davon haben, was dem Kunden wichtig ist und wie eine Lösung für ihn aussehen könnte. Jetzt braucht der Kunde Ihre Expertise. Kommen Sie jetzt aber bitte noch nicht mit der alleinseligmachenden Wahrheit daher. Nutzen Sie Ihre Ideen statt dessen lieber, um mit dem Kunden zusammen Lösungsvarianten zu entwickeln, die für ihn genau passen und mit denen er sich hinterher perfekt identifizieren kann. Ihre Rolle in dieser Phase ist die eines Beraters. Sie bringen Vorschläge und Erfahrungswerte ein, die Sie dann mit dem Kunden gemeinsam beleuchten.

Und zusätzlich legen Sie hier die Basis dafür, dass der Kunde hinterher von der Lösung begeistert ist. Und wie begeistern Sie einen Kunden? Die meisten Verkäufer beantworten die Frage so: »Wir müssen ihm das Gefühl geben, die Lösung ist von ihm.« Ja, klingt toll. Und wie geht das? Da kommt dann meistens keine Antwort mehr. Haben Sie eine? Ich schon: »Am besten geht das, wenn die Idee wirklich von ihm ist.« Und jetzt bekommen Sie ein paar Tipps, um mit dem Kunden zusammen aus dessen Ideen eine oder mehrere Lösungsvarianten zu basteln. Aufgepasst, los geht es mit der Entwicklungsphase:

JETZT WIRD GEMEINSAM GEARBEITET

In dieser Phase mischen Sie sich aktiver in den Dialog ein als in der vorigen. Sie bringen Vorschläge ein und erklären, welche Produkte und Lösungen für den Kunden sinnvoll sein könnten. Trotzdem dürfen Sie jetzt nicht in einen Monolog verfallen. Auch in dieser Phase ist es wichtig, dass der Kunde sich weiterhin viel beteiligt. Nach jeder Ihrer Ideen sollte er die Möglichkeit haben, seine Meinung einzubringen. Er darf kritisieren, verändern und seine Bedenken auf den Tisch bringen. Wenn die Verteilung der Redeanteile in dieser Phase bei 50/50 liegt, sind Sie wahrscheinlich im Dialog und da sollen Sie ja hin.

Durch die Art, wie Sie Ihre Vorschläge und Lösungsvarianten formulieren, signalisieren Sie:»Lieber Kunde, gestalte mit!« Im Idealfall entsteht eine Arbeitsatmosphäre, in der Sie sich als Team fühlen, das gemeinsam die perfekte Lösung erfindet.

Ich empfehle weiche Formulierungen mit vielen Konjunktiven und Weichmachern zu nutzen, um dem Kunden zu zeigen, dass noch nichts in Stein gemeißelt ist. Sagen Sie zum Beispiel:»Wir könnten für die Statisten einfachere Pappnasen nutzen. Sie sagten ja, dass da immer mal eine verloren geht. Dann würde es nicht so teuer, wenn das passiert.« Danach hängen Sie eine Frage an, um sofort ein Feedback zu bekommen:»Was denken Sie?«

FAQ: Ich habe gelernt, dass ich Weichmacher im Gespräch unbedingt meiden soll, weil ich dadurch unsicher wirke. Stimmt das nicht mehr?

Doch, in bestimmten Phasen des Gesprächs, zum Beispiel in der Verhandlung, gilt das immer noch. Aber in der Phase des gemeinsamen Entwickelns, wirken Weichmacher aus meiner Erfahrung eher einladend. Als Verkäufer erscheinen Sie dadurch ganz und gar nicht unsicher. Ihr Signal ist ja:»Ich kann nicht wissen, ob es für Sie, lieber Kunde, richtig ist. Das müssen Sie mir sagen« und nicht:»Ich kenne mich nicht aus.«.

DER KUNDE KENNT DIE LÖSUNG

Aber manchmal ist ihm das noch nicht bewusst. Durch Ihre Vorschläge und Fragen helfen Sie dem Kunden sich darüber klarer zu werden, was er will und was nicht. Er reflektiert verschiedene Varianten und dadurch ergänzt er mit der Zeit die Kriterienliste, die er schon im Kopf hatte. Übrigens, wenn Sie der erste Ansprechpartner des Kunden sind, haben Sie jetzt gute Chancen, dass der Kunde Kriterien festlegt, die nur Sie erfüllen können.

Beispiel: Nur Sie bieten für Ihre Pappnasen ein Deluxe-Futter aus weichem Samt an. Der Kunde probiert dieses aus und empfindet es als besonders angenehm. Im Optimalfall kommt es ab sofort auf seinen Kriterienkatalog: Pappnasen nur noch mit Deluxe-Futter!

PRÄSENTIEREN SIE IHRE PRODUKTE SINNVOLL

Achtung: Wortspiel-Alarm! Sinnvoll präsentieren heißt in diesem Fall: Sorgen Sie dafür, dass Sie möglichst viele Sinne des Kunden mit ihrer Produktpräsentation ansprechen. Toll, wenn der Kunde ihr Produkt anfassen, ansehen und ausprobieren kann.

Als Pappnasen-Verkäufer könnten Sie einen Handstand machen und auf den Händen durch den Raum laufen oder herumspringen und damit beweisen, dass die Nase nicht abfällt.

Ich erkläre im Verkaufsgespräch, wenn es inhaltlich passt ein pfiffiges aber wenig bekanntes Modell, das die Kunden im Verhandlungsgespräch nutzen können. Wenn möglich visualisiere ich es gleich an einem Flipchart oder auf einem Blatt Papier. So erleben die Kunden die »Trainerin Franziska« live.

Bei Maschinen bieten sich natürlich Teststellungen oder Vorführungen an. Ein Aufwand, der sich bei interessierten Kunden lohnt. Einer meiner Kunden, ein Hersteller von Industrie-Estrich, führt zweitägige Veranstaltungen durch, während derer er den Betonboden in seiner eigenen Halle herausreißt, neu aufbaut und am Ende der zwei Tage mit einem Gabelstapler über den fertigen Boden fährt. Besser kann man nicht demonstrieren, dass das Material besonders schnell und zuverlässig zu verarbeiten ist.

Um eine eigene Produktdemonstration zu finden, setzen Sie sich am besten mit dem gesamten Verkaufsteam zusammen. Überlegen Sie gemeinsam, wie man Ihre individuellen Vorteile möglichst plastisch und unterhaltsam demonstrieren kann.

ZITIEREN SIE DEN KUNDEN

Vergessen Sie nicht, Ihren Kunden immer wieder in das Gespräch einzubeziehen. Neben Fragen geben auch Zitate dem Kunden das Gefühl, dass es um ihn geht. Greifen Sie möglichst Vieles von dem auf, was er Ihnen in Phase eins gesagt hat: »Sie sagten vorhin, dass Ihnen die Farbe ihrer Pappnase wichtig ist, weil Sie als Avantgarde-Künstler Stellung beziehen müssen. Richtig?...Vermutlich ist deshalb eine Sonderfarbe für Sie das Richtige. Was denken Sie?...Wir können ja mal gemeinsam schauen, was zu Ihrem Auftritt passen würde.« Da wo die Pünktchen sind, geben Sie dem Kunden Gelegenheit für eine Reaktion. Wenn er einverstanden ist, machen Sie weiter.

Denken Sie daran: Der Kunde soll verstehen, dass hier gerade seine individuelle Lösung entsteht. Das geht am besten, wenn Sie beweisen, dass Sie genau zugehört haben. Wenn Sie Ihre Sache gut machen, kommt der Kunde in eine positive Haltung Ihnen gegenüber. Und das ist die beste Voraussetzung für Ihre Vorschläge.

Und um sicher zu sein, holen Sie sich immer wieder Bestätigungen oder Korrekturen vom Kunden. Stellen Sie Fragen, Fragen, Fragen! ...aber das haben Sie vermutlich schon mal irgendwo gehört?

HELFEN SIE DEM KUNDEN SELBST ZU ENTSCHEIDEN

Was Sie dem Kunden empfehlen sollen, ist manchmal gar nicht so einfach zu sagen, weil Sie vielleicht nicht immer die perfekte Lösung haben werden. Variante eins ist vielleicht recht teuer, bei Variante zwei muss der Kunde Abstriche in der Funktionalität machen. Doch Sie müssen diese Entscheidung gar nicht treffen. Derjenige, der die Entscheidungsprioritäten am besten kennt, sitzt ja direkt vor Ihnen.

Beispiel: Meine Mutter hat eine Werkstatt für hochwertige Bilderrahmen. Für teure Originale ist es wichtig, ein Glas auszusuchen, das UV-geschützt ist, um das Bild vor Licht und damit vor Verblassen zu schützen. Wenn das Bild aber später an einem hellen Platz, zum Beispiel gegenüber einem Fenster hängen soll, besteht die Gefahr, dass das normale UV-Glas spiegelt, man das Bild also nicht gut sehen kann. Es gibt eine Alternative: Entspiegeltes Museumsglas mit 90%igem UV-Schutz wirkt im Rahmen fast unsichtbar. Es kostet aber ungefähr das fünffache der normalen Gläser. Lange hat meine Mutter dieses Glas gar nicht angeboten, weil sie davon ausgegangen ist, dass die Kunden den Preisunterschied nicht bezahlen werden. Ich habe ihr dann aber empfohlen, die Kunden selbst entscheiden zu lassen. Konkret habe ich gesagt: »Entscheide nicht über das Portemonnaie deiner Kunden.« Seitdem erklärt Sie die verschiedenen Varianten und verkauft jede Menge von dem viel teureren Glas.

Schildern Sie die Vor- und Nachteile der Lösungsvarianten offen und ehrlich in den Punkten, die den Kunden betreffen. Dabei müssen Sie nicht jedes kleine Problem aufzählen, das jemals aufgetreten ist. Die entscheidende Frage ist: »Kann das Problem für den Kunden kritisch werden?« Wenn ja, müssen Sie darüber reden.

FAQ: Was soll das Herumeiern? Oft gibt es nur eine optimale Lösung für den Kunden. Warum kann ich die nicht einfach vorstellen?

Fachlich haben Sie natürlich Recht. Die Anforderungen des Kunden werden manchmal genau durch ein bestimmtes Produkt befriedigt. Dann müsste er das ja auch sofort einsehen.

Aber Sie haben sicher auch schon erlebt, dass das manchmal nicht so einfach klappt. Manche Kunden reagieren widerspenstig und unlogisch und wollen einfach nicht verstehen, was gut für sie ist. Und das liegt daran, dass sie sich nicht gern sagen lassen, was zu tun ist, sondern lieber selbst entscheiden wollen. Menschlich, oder? Wenn Sie den Kunden in die Überlegungen und Entscheidungen einbeziehen, machen sie ihm das »Ja« sagen dagegen leicht.

MALEN SIE GEMEINSAM DIE BESTE LÖSUNG

Um den Kunden in die Lösungssuche einzubinden ist es auch hilfreich, Ideen zu visualisieren, am besten ad hoc auf einem Blatt Papier. Sogar noch besser ist ein Flipchart, das in einem Sitzungsraum
ja meistens vorhanden ist. Ihr gemeinsames Bild ist darauf jederzeit
sichtbar und für alle Beteiligten gut erreichbar, um Änderungen
oder Ergänzungen vorzunehmen.

Sie können zum Beispiel Zeit- oder Organisationsabläufe aufzeich-
nen oder Musterrechnungen der verschiedenen Varianten durch-
führen. Je mehr der Kunde an dieser Skizze mitarbeitet, desto besser. Wenn der Kunde ihren gemeinsamen Entwurf am Ende des
Gesprächs abfotografiert oder sogar mitnehmen will, wissen Sie,
dass er sich mit der Idee identifiziert.

INFO-BOX: DISC beim gemeinsamen ENTWICKELN

Der **dominante** Kunde ist eher so ein »Schlagen Sie mir mal was vor« -Typ. Allerdings neigt er auch dazu, Vorschläge abzuschmettern, die nicht von ihm selbst sind. Deshalb rate ich Ihnen eine kurze Entwicklungs-Sequenz mit dem Kunden zu machen. Stellen Sie zwei bis drei konkrete Lösungsansätze vor und nehmen Sie die Einwände dazu auf, um die Ideen anzupassen. Zum Schluss fassen Sie nochmal zusammen, was Sie ins Angebot schreiben werden. Damit haben Sie beim dominanten Gesprächspartner auch die nächste Phase des Anbietens schon erledigt.

Der **initiative** Gesprächspartner liebt es, Ideen mitzugestalten. Bei ihm müssen Sie nur aufpassen, dass er nicht übertreibt. Vor lauter Kreativität entstehen manchmal Lösungen, die zwar toll, aber nicht mehr finanzierbar sind. Sorgen Sie dafür, dass Sie gemeinsam realistisch bleiben, ohne zu sehr zu bremsen.

Der **stetige** Kunde wird sich bei jedem Ihrer Vorschläge ausmalen, ob und wie die Umsetzung der Lösungen für ihn zu bewältigen ist. Er ist eher vorsichtig und manchmal sogar zaghaft. Erklären Sie also auch wie es funktionieren kann und vor allem, welche Unterstützung Sie geben können.

Gewissenhaften Ansprechpartnern bieten Sie am besten zwei Varianten und unterfüttern diese mit vielen Fakten. Da gewissenhafte Kunden Verkäufern gegenüber eher misstrauisch sind, funktionieren auch Referenzen und Garantien gut, um den Kunden zu bestätigen.

Besonders gute Erfahrungen mache ich, wenn ich meine gewissenhaften Gesprächspartner in ihrer kritischen Haltung bestätige: »Ich verstehe, dass Sie misstrauisch und vorsichtig sind. Das sollten Sie auch sein.« Durch solche Sätze schaffe ich es meist, dass der Kunde mir schneller vertraut und seine Bedenken offen anspricht. Dann kann ich damit konstruktiv umgehen.

4.3. Anbieten – Machen Sie Nägel mit Köpfen!

Systematisch haben Sie in den letzten beiden Phasen auf eine oder wenige Lösungen hingearbeitet, die der Kunde ernsthaft in Erwägung zieht. Jetzt geht es darum, diese Lösungen festzuhalten und das schriftliche Angebot vorzubereiten.

Fassen Sie noch einmal zusammen, was Sie als Wunschlösungen verstanden haben und bitten Sie den Kunden um eine Bestätigung. Vielleicht sagt er einfach: »Ja, genau. So stelle ich mir das vor!« Perfekt! Bestnote, setzen!

Wahrscheinlicher ist allerdings, dass er noch Kleinigkeiten zu bemängeln oder zu verändern findet. Keine Sorge, das ist der Normalfall. Die Phase des Anbietens könnte auch »Feintuning« oder »Detailklärung« heißen. Jeder Einwand, den der Kunde jetzt bringt zeigt Ihnen, dass er sich intensiv mit seiner Kaufentscheidung auseinandersetzt. Er sagt quasi: »Ich werde kaufen, wenn das (und das und das) geklärt ist.«

Im Kunden geht in dieser Phase innerlich Einiges vor. Das erste Mal im Kauf-Prozess muss er konkrete Entscheidungen treffen. Er muss sich festlegen, welche Lösung(en) er für die besten hält. Damit verpflichtet er sich in eine Richtung. Je nach Entscheidungsfreude des Kunden fällt ihm das leichter oder schwerer. Wenn Sie einen Kunden haben, der zögert, seien Sie geduldig. Zur Not weisen Sie darauf hin, dass das Angebot ja immer noch geändert werden kann.

Wie unterscheidet sich aber diese Phase von der Vorherigen? Vor allem durch Ihre Sprache und die Art wie Sie Fragen formulieren:

JETZT WIRD'S ERNST: WERDEN SIE KONKRETER

In der vorigen Phase haben Sie bewusst mit Weichmachern, also vagen Formulierungen, gearbeitet. Wenn Sie jetzt das Gefühl haben zu wissen, was der Kunde will, können Sie eindeutigere Vorschläge machen: »Also, ich biete Ihnen dann 250 Pappnasen in zinnoberrot mit Deluxe-Futter an und 50 in signalrot mit Lockerungs-Sensor. Richtig?« Sie müssen quasi darüber Farbe bekennen, was Sie verstanden haben. Bei der Wiederholung des Kundenbedarfs werden Sie aber auch schnell merken, wo Sie noch etwas vergessen haben. Kein Problem, Sie können sich die Information jetzt immer noch holen: »Mir fällt gerade auf, dass ich gar nicht weiß, wie Sie.... Können Sie mir das bitte noch erklären?«

Der Kunde wird Sie gerne korrigieren, wenn Sie etwas falsch verstanden haben. Hören Sie gut zu und nehmen Sie die Anmerkungen auf. Achten Sie auch auf nonverbale Signale. Manchmal spricht der Kunde nicht aus, dass er sich falsch verstanden fühlte, aber sein Gesicht zeigt es ganz deutlich: Er kneift Augen oder Lippen zusammen, legt den Kopf schief oder runzelt die Stirn. Fragen Sie sofort nach, wenn Sie solche Signale wahrnehmen: »Sie wirken, als wären Sie nicht ganz einverstanden?«, »Haben ich noch etwas missverstanden?«

BEGEGNEN SIE EINWÄNDEN NEUGIERIG

Weil die Lösungen jetzt konkret auf dem Tisch liegen, kommen spätestens jetzt auch Einwände vom Kunden. Das ist gut! Damit sagt er nämlich, was ihm genau noch fehlt, damit er kaufen kann. Für Sie bedeutet das vor allem genau nachzufragen, wie die dahinter steckenden Bedenken, Wünsche und Anforderungen beantwortet werden können.

Die wichtigste Einwandmethode ist also wieder mal: fragen, fragen, fragen.

Vielleicht denken Sie jetzt: »Wie, schon wieder Fragen? Hört die doofe Verkaufstrainerin damit nie auf?« Aber vertrauen Sie mir, Fragen sind der Schlüssel zu Ihrem Glück und Erfolg, ehrlich!

3 pfiffige Methoden für die Einwandbehandlung

Es gibt sicher Hunderte von Einwandbehandlungsmethoden mit un-
glaublich klangvollen Namen. Ich persönlich glaube allerdings, dass Sie
mit viel weniger auskommen. Neben der wichtigsten: »Hinterfragen«,
sind hier noch drei langerprobte Tipps, mit denen Sie immer wieder auf
eine konstruktive Schiene kommen.

Objektive Beweise bringen

Referenzen, Erfolgsstories und Geschichten von Kunden zu erzählen, hat
zwei Vorteile: Erstens wirkt es auf den Kunden viel glaubwürdiger, wenn
Sie echte Beispiele bringen, und zweitens zeigt es Ihre Kompetenz und
Erfahrung. Hören Sie sich um, sammeln Sie so viele Beispiele, Case-Stu-
dies und Geschichten wie möglich und erzählen Sie diese ganz locker
und authentisch: »Mein Kollege hat mir vor kurzem erzählt, was sein
Kunde dazu gesagt hat...«, »Ich verstehe Ihre Vorsicht. Aber ich kann Sie
da beruhigen. Wir haben ein ähnliches Projekt bei der Firma... Ich habe
mir das mal angesehen...«

Einwände vorwegnehmen

In jeder Firma und für jedes Produkt gibt es Standard-Einwände, die fast
immer kommen. Wenn Sie zum Beispiel Qualitätsführer sind, hören Sie
bestimmt immer wieder, dass Sie teurer sind als die anderen Anbieter.
Wenn Sie also davon ausgehen können, dass ein Einwand ohnehin
kommt, bringen Sie ihn deshalb einfach selbst. Und zwar, bevor der Kunde ihn ausspricht: »Ich sage Ihnen gleich, dass unsere Maschinen teurer
sind, als die von Firma.... Das hat den Grund, dass....« Auf diese Weise
nehmen Sie Ihrem Gesprächspartner den Wind aus den Segeln. Gleichzeitig beweisen Sie, dass Sie sich auskennen. Nutzen Sie diese Methode
aber wirklich nur, wenn Sie sich zu 95% sicher sein können, dass der
Kunde diesen Einwand ohnehin im Kopf hat. Sonst wecken Sie schlafen-
de Hunde.

Den Einwand abgrenzen

Wenn Sie anfangen Einwände zu beantworten, kann es sinnvoll sein zu verstehen, wie nahe Sie dem Abschluss schon sind. Wenn Sie nur noch ein Hindernis aus dem Weg schaffen müssen, bekommen Sie so sogar einen »Vorabschluss«.

Hier stehen Ihnen zwei Varianten zur Verfügung:

1. Wenn Sie unmittelbar eine Antwort auf den Einwand haben, sagen Sie: »Angenommen ich kann Ihnen vorrechnen, dass sich die Investition für Sie in spätestens zwei Jahren rentiert, kommen wir dann ins Geschäft?«

2. Wenn Sie noch keine Lösung sehen, grenzen Sie das Problem aus: »Gibt es, abgesehen von der Lieferzeit, noch einen anderen Punkt, der Sie stört?«

Der Kunde wird nun vielleicht weitere Einwände anbringen. Dann wissen Sie, was Sie noch zu tun haben. Wenn er aber keine weiteren Anmerkungen hat und Sie sein Problem lösen können, kommen Sie ins Geschäft. Schick, oder?

FAQ: Ich habe die Erfahrung, dass aus Einwänden schnell eine kontroverse Diskussion entstehen kann. Was kann ich dagegen tun?

So eine Auseinandersetzung entsteht dann, wenn Kunden sich belehrt oder nicht verstanden fühlen. Der klassische Beginn dieser Situation ist ein Einwand des Kunden, der nicht richtig ist und korrigiert werden müsste:

Der Kunde sagt zum Beispiel: »Das Wettbewerbsgerät ist viel billiger.« Der Verkäufer will nun korrigieren und reagiert klassisch mit

»Ja, aber die Geräte sind auch nicht vergleichbar.« oder etwas Ähnlichem. Der Kunde fühlt sich unverstanden und erklärt seine Position noch einmal: »Das ist mir schon klar, aber ihre Zusatzfeatures brauche ich ja auch gar nicht alle.« und so weiter. In Nullkommanichts läuft eine typische »Ja, aber...« - Diskussion, die zu nichts führt, in der sich Kunden und Verkäufer sogar voneinander weg bewegen.

Der einzige Ausweg aus so einer Diskussion ist ein Perspektiven-Wechsel: Statt gegen den Kunden zu argumentieren, empfehle ich Ihnen erst einmal seine Seite einzunehmen. Zeigen Sie Verständnis (1.) und beweisen Sie durch ein Zusatzargument (2.), dass Sie seine Sichtweise verstanden haben. Dann erst bringen Sie ihr Gegenargument (3.). Zum Abschluss machen Sie einen Vorschlag (4.) und holen den Kunden durch eine Rückfrage wieder in den Dialog (5.).

Beispiel:
1. »Ich kann verstehen, dass der Preisunterschied Sie stört.«
2. »Tatsächlich nutzen Sie das Lesegerät und den Funksensor unseres Gerätes ja gar nicht.«
3. »Andererseits sparen Sie durch die Datenanbindung an Ihr System so viel Zeit, dass die Mehrinvestition sich in spätestens ein bis zwei Jahren rechnen müsste.«
4. »Ich schlage vor, dass wir das mal gemeinsam nachrechnen,
5. einverstanden?«

Probieren Sie diese Vorgehensweise mal aus. Sie werden überrascht sein, wie kooperativ der Kunde reagiert. Aber Sie werden auch viel besser verstehen, wie es Ihrem Gegenüber geht und passendere Vorschläge machen können.

Beispiel: Ich habe mal eine lange Diskussion mit einem Kunden geführt, welche Seminarmethode für sein Team die beste ist: Theorie-Seminar oder Besuchsbegleitung. Beide hatten wir uns ganz schön

»verheddert«. Als ich das merkte, wechselte ich die Perspektive. Ich bestätigte den Kunden und als ich das Zusatzargument für seine Sichtweise bringen musste, wurde mir bewusst, dass er mit seiner Argumentation durchaus einen Punkt machte. Während ich sprach, entwickelte ich einen neuen Vorschlag, auf den wir uns dann einigen konnten. Ganz ehrlich, vorher hatte ich gar nicht wirklich über das nachgedacht, was mein Kunde sagte. Durch den Perspektivenwechsel musste ich das plötzlich. Die neue Lösung war viel besser: »Ich kann verstehen, dass Sie nochmal ein Seminar machen wollen. Tatsächlich ist so eine Besuchsbegleitung auch sehr stressig und da die Mitarbeiter noch neu im Außendienst sind, ist das vielleicht gar nicht so nützlich. Andererseits kennt ihr Team die Theorie schon gut. Sie setzen sie nur einfach noch nicht um. Deshalb schlage ich vor, wir machen nochmal ein Seminar, aber diesmal eins mit mehr Übungen und Rollenspielen. Dann sollte die Umsetzung besser klappen.«

BESPRECHEN SIE DAS SCHRIFTLICHE ANGEBOT VOR

In den meisten Fällen wollen Kunden ja vor der Entscheidung ein schriftliches Angebot haben. Wenn das auch bei Ihnen so ist, empfehle ich Ihnen die Details dieses Angebots mit dem Kunden jetzt schon zu besprechen. Optimalerweise weiß er am Ende dieser Phase genau, wie das Angebot aussehen wird.

Stimmen Sie ab, welche Angebots-Positionen ihr Kunde erwartet und welche sie optional noch mit hineinnehmen können. Ein paar Positionen zum Streichen zu haben ist manchmal ganz hilfreich für die Verhandlung. Fragen Sie auch hier wieder aktiv nach: »Wir haben ja vorhin über die Haltebänder gesprochen. Soll ich die auch mal mit anbieten?« Meistens sagt der Kunde »Ja« und damit haben Sie entweder eine Chance auf einen Zusatzverkauf oder eine zusätzliche Verhandlungsposition.

AUFGEPASST, ABSCHLUSS-SIGNALE! IN DIESER PHASE »KAUFEN« KUNDEN OFT SCHON

Wenn ich sage, Kunden »kaufen« in dieser Phase schon, meine ich nicht, dass sie bereits offiziell Ihre Zusage geben. Aber innerlich entscheiden sie sich hier oft schon für eine Lösung. Vor allem zwei Indizien deuten auf Kunden hin, die sich jetzt schon weitgehend entschieden haben.

Erstes Indiz: Der Kunde redet, als hätte er schon gekauft. Er fängt an über Details zu sprechen. Er identifiziert sich mit der Lösung. Die Entscheidung ist in seinem Kopf schon gelaufen, und damit kann er weiter planen. In diesem Moment weiß er, dass er mit Ihnen arbeiten wird.

Zweites Indiz: Der Kunde spricht von »Wir« und meint damit Sie und sich. Damit ist ebenfalls ein wichtiger Wandel passiert. Wenn er sich innerlich entschieden hat, dass Sie sein neuer Lieferant sind, werden Sie vom Verhandlungsgegner zum Geschäftspartner. Aus zwei Parteien wird damit eine, nämlich »Wir«.

NUTZEN SIE DIE POSITIVE STIMMUNG

Wenn Sie die oben genannten Kaufsignale wahrgenommen haben, sind Sie auf einem sehr guten Weg. Doch Achtung, werden Sie jetzt nicht übermütig. Diese Kaufsignale sind zwar ein gutes Zeichen, aber auch eine Moment-Aufnahme. Drei wesentliche Fragestellungen können Ihnen noch im Weg stehen. Doch keine Bange, Lösungsideen liefere ich Ihnen gleich mit:

- **Weiß der Kunde schon was Ihre Lösung in etwa kostet?**
  Wenn Sie können, geben Sie ruhig schon mal eine grobe aber realistische Einschätzung über die Gesamtsumme ab, um eine erste Reaktion zu sehen. Wenn Sie so weit gekommen sind, be-

kommen Sie wahrscheinlich auch eine Antwort auf die Fragen nach dem Budget:»Passt das in Ihr Budget?«

■ **Haben Sie mit dem Entscheider gesprochen?**
Die Kaufsignale nützen Ihnen leider ziemlich wenig, wenn Sie nicht von einem Entscheider kommen. Nutzen Sie in diesem Fall Ihre guten Karten, um einen Termin mit dem Entscheider zu bekommen. Wenn das nicht geht, besprechen Sie ganz genau, wie das Angebot aussehen muss, damit der Entscheider zustimmt.

■ **Kommen noch interessante Mitanbieter?**
Wenn nach Ihnen noch einige andere Anbieter ihre Lösungen vorstellen, kann sich das Blatt noch einmal wenden. Die Begeisterung basiert in dem Fall vielleicht noch auf totaler Unkenntnis der Alternativen. Doch in der momentanen Stimmung sagt Ihnen Ihr Ansprechpartner vielleicht, wer noch anbietet. Wenn Sie diese Wettbewerber kennen, können Sie auf Unterschiede hinweisen. Eine pfiffige Methode dazu finden Sie im Kapitel 10 »Tipps aus dem Verkäufer-Nähkästchen«.

Wenn Ihr Ansprechpartner innerlich so kaufbereit ist, ist es sinnvoll, die nächsten Schritte zu besprechen, damit er Ihnen nicht wieder entwischt. Am besten begleiten Sie den Kunden jetzt eng. Fragen Sie dezidiert nach:»Wenn Sie das Angebot dann haben, wie geht es konkret weiter? Wann können wir telefonieren? Wer muss dann noch überzeugt werden? Wie kann ich Sie dabei unterstützen?«

Ich habe in den letzten Jahren immer wieder die Erfahrung gemacht, dass ich nach dem ersten Gespräch schon wusste, dass der Kunde gekauft hat. Und damit lag ich fast immer richtig. Und noch etwas: Wenn Sie das Gespräch bis hierhin so geführt haben, wie ich es im Buch vorschlage, hinterlassen Sie einen viel besseren Eindruck als 90% der Wettbewerbs-Verkäufer. Das verschafft Ihnen einen zusätzlichen Vorteil.

Drei Tipps, damit Ihre schriftlichen Angebote auch gelesen werden

1. Sorgen Sie für Individualität und Wiedererkennung

Ich weiß, oft können Sie Ihre Angebotsvorlagen selbst nicht beeinflussen. Aber auch wenn Sie vorgefertigte Angebote haben, die sich weitgehend auf Typenbezeichnungen und Preise beschränken, können Sie dafür sorgen, dass Ihr Kunde sich und seine Vorstellungen wiederfindet. Schreiben Sie zu Standard-Angeboten ein ein- bis zweiseitiges Anschreiben, in dem Sie die wichtigsten Wünsche und Ziele des Kunden noch einmal nennen und erklären, wie sich diese im Angebot wiederfinden. Nutzen Sie darin Begriffe und Sätze, die der Kunde genutzt hat.

Ich persönlich schreibe sogar jedes Angebot individuell. Schon oft habe ich Aufträge genau deshalb bekommen, weil der Kunde das Angebot besonders passend fand. Deshalb lohnt sich dieser Aufwand für mich!

2. Zeigen Sie Ihre Lösungsorientierung auch schriftlich

Im Beratungsbereich ist die folgende Struktur üblich. Ich finde diese aber durchaus auch auf andere Branchen übertragbar:

Ausgangslage: Hier wiederholen Sie nochmal die wichtigsten Hintergründe, die Ihnen der Kunde genannt hat.

Zielsetzung: Hier nennen Sie die Ziele der Investition oder des Projekts. Nutzen Sie Worte, die der Kunde genutzt hat, damit er sich verstanden fühlt.

Vorgehensweise/Lösung: Jetzt kommen ihre Vorschläge, Produkte und Herangehensweisen.

Investition: Erst jetzt – wenn der Kunde verstanden hat, was er alles bekommt – folgen die Preise.

Rechtliches: Diesen Punkt, würde ich möglichst immer ganz an den Schluss setzen. Rahmenbedingungen, Konditionen et cetera gehören ja ins Angebot, sollen aber nicht den Lesefluss stören.

3. Machen Sie es dem Kunden leicht sich zurechtzufinden

Das gilt vor allem dann, wenn Ihre Angebote sehr ausführlich sind. Helfen Sie Ihrem Kunden, sich zu orientieren und schnell zu finden, was er sucht. Stellen Sie ab zehn Seiten ein Inhaltsverzeichnis voran.

Nutzen Sie in längeren Texten aussagekräftige Zwischenüberschriften, damit der Kunde auch beim Überfliegen des Angebots schon wichtige Informationen aufschnappt, zum Beispiel:»Die Energiekosten sinken ab dem ersten Monat.«

Arbeiten Sie bei noch längeren Angeboten mit Trennblättern und eventuell farbig unterscheidbaren Themenbereichen. Bündeln Sie Informationen nach Interessengebieten, zum Beispiel technische Informationen in einem Bereich, Preise und Musterrechnungen in einem anderen.

Nutzen Sie einfache (!) Grafiken und Bilder, um Besonderheiten zu erklären, zum Beispiel ein Diagramm, dass die sinkenden Verbrauchskosten darstellt. Vereinfachen Sie solche Darstellungen aber auf ein absolutes Minimum. Jede Zahl, die nicht unmittelbar die Aussage stützt, fliegt raus!

In jedem Fall ist es hilfreich eine Zusammenfassung der Angebots-Highlights in das Anschreiben zu bringen. Bei ausführlichen Angeboten wird ohnehin ein Management-Summary erwartet.

INFO-BOX: Typgerechte Angebote mit DISC

Da **dominante** Kunden großen Wert auf ihre eigene Meinung legen, ist es bei diesen besonders wichtig, Bezug zu schaffen. Nutzen Sie Zitate und Originalformulierungen des Kunden, wenn Sie die Ausgangslage und Zielsetzung schildern. Bieten Sie unbedingt Varianten an, damit der Kunde die Entscheidung treffen kann. Und kalkulieren Sie in Ihrem Angebot einen Verhandlungsspielraum ein. Dieser Kunde will handeln und er will vor allem etwas gewinnen.

Menschen mit starkem **initiativen** Anteil lesen Unterlagen und Angebote häufig nur oberflächlich. Gestalten Sie Ihr Angebot so übersichtlich, dass auch beim Überfliegen die wichtigsten Informationen hängen bleiben. Das erreichen Sie zum Beispiel durch aussagekräftige Zwischenüberschriften:»Der Wasserverbrauch sinkt um 50%.« Aber auch Grafiken und Bilder, die die wichtigsten Vorteile zeigen, helfen dem Kunden, sich zu erinnern.

Stetige Kunden entscheiden selten allein. Um sich abzusichern und Konflikten vorzubeugen, beziehen sie viele Meinungen ein. Im Optimalfall finden Sie vorher heraus, wer mit entscheidet und worauf diese Personen Wert legen. Im Angebot sollten die wichtigsten Interessenlagen bedient werden. Wenn möglich bieten Sie verschiedene kleinere Entscheidungsschritte oder -phasen an, um zu signalisieren:»Fangen wir erst mal an, dann können wir weitersehen.« Das nimmt ihrem Kunden die Last über ein riesiges Projekt auf einmal zu entscheiden.

Das Angebot für **gewissenhafte** Kunden müssen Sie ganz besonders sorgsam vorbereiten. Diese ärgern sich auch über kleinste Fehler und übertragen diese eventuell sogar auf ihre gesamte Glaubwürdigkeit. Gewissenhafte Kunden sind froh, wenn sie viele Informationen, technische Daten und Fakten finden. Sehr gut sind auch zwei bis drei Varianten im Vergleich mit Vor- und Nachteilen.

KAPITEL 5

VERHANDELN

Ich habe Ihnen ja schon viel von mir erzählt, aber eines wissen Sie noch nicht: Zu Beginn meiner Vertriebslaufbahn war ich die schlechteste Preisverhandlerin aller Zeiten. Der Kunde musste noch nicht einmal das Wort Rabatt aussprechen. »R...« reichte schon, um von mir ein paar Prozent zu bekommen. Einmal in bestimmtem Ton nachgefragt, lief ich sofort zu meinem Verkaufsleiter und bettelte um zusätzliche Nachlässe: »...weil der Kunde sonst auf keinen Fall kauft.«

Erst ein Fach-Artikel über Preisverhandlungen brachte mich auf die Idee, dass es auch anders gehen könnte. Ich habe keine Ahnung mehr, was der Autor methodisch vorschlug. Aber ich erinnere mich, dass er erzählte, er habe erst verhandeln gelernt, als er sich vornahm, es zu seinem Lieblingsthema zu erklären. Das fand ich klasse und übernahm die Idee.

Kurze Zeit später traute ich mich das erste Mal auf eine Forderung »Nein« zu sagen. Und siehe da, die Verhandlung ging trotzdem weiter. Der Einkäufer schaute mich sogar mit einem respektvollen Lächeln an. Wahrscheinlich dachte er sich: »Guck mal an, die Kleine! Wer hätte das gedacht?« Ich war so stolz. Und ich erlebte in dem

Moment das erste Mal den »Zocker-Kitzel«, der eine harte Verhandlung so spannend macht.

Heute liebe ich Preisverhandlungen. Ich erlebe sie als aufregendes
Spiel mit vielen Facetten. Manchmal brauche ich auch heute noch
Mut, wenn ich einen Auftrag wirklich gerne haben, aber keinen
Euro von meinem Tagessatz nachlassen will. Doch da ich in der
Regel sehr gut einschätzen kann, ob ein Kunde »mich schon ge-
kauft« hat, funktioniert auch das in den allermeisten Fällen.

Das ist übrigens auch der erste wichtige Tipp für Ihre Verhandlungen:

ERST VERKAUFEN, DANN VERHANDELN

Wenn Sie im dreistufigen Lösungsdialog gemeinsam mit dem Kunden eine Lösung entwickelt haben, können Sie in der Regel schon
sehr gut einschätzen, wie groß der Kaufwunsch des Kunden ist. Und
oft ist ihre Vertrauensbasis zu diesem Zeitpunkt so gut, dass Sie auch
wissen, ob und welche Wettbewerber im Spiel sind und was Ihr
Kunde über diese denkt. Das gibt Ihnen Sicherheit für die anstehen-
de Verhandlung.

Insgesamt können Sie übrigens davon ausgehen, dass die meisten
Kunden innerlich schon eine Kaufentscheidung getroffen haben,
wenn sie anfangen zu verhandeln – für Sie oder gegen Sie. Preisnachlässe machen also selten Sinn. Denn entweder sind Sie ohnehin
schon der Partner der Wahl, dann ruiniert Ihnen ein Nachlass nur
die Marge. Oder ein anderer Lieferant wird vom Kunden bevorzugt, dann würden Sie den Zuschlag sowieso nicht bekommen, verlieren aber trotzdem Glaubwürdigkeit und unterstützen den Verfall
der Marktpreise. Dazu habe ich übrigens eine Bitte:

BEWAHREN SIE IHRE GLAUBWÜRDIGKEIT

Glaubwürdigkeit ist meiner Ansicht nach der wichtigste Aspekt in Preisverhandlungen. Preisnachlässe »einfach so«, stellen Ihre Vertrauenswürdigkeit mehr in Frage, als jede Ungenauigkeit, die Ihnen vielleicht in anderen Phasen des Verkaufsgespräches herausrutscht.

Bitte seien Sie sich in jedem Moment darüber bewusst: Sie leben in einer Kultur, in der das Feilschen eigentlich traditionell nicht üblich ist. Die meisten Menschen spüren das instinktiv. Gut so! Trauen Sie Ihrem Zweifel! Er wird Ihnen helfen bessere Entscheidungen zu treffen.

In der heutigen Zeit geraten Sie und Ihre Kunden in der Verhandlungsphase des Verkaufsprozesses oft in ein Dilemma: Einerseits, wäre es ehrlich einen fair kalkulierten Preis vorzuschlagen, der dann aber auch keine Nachlässe mehr gestattet. Andererseits ist es üblich geworden zu verhandeln und nach Preisnachlässen zu fragen. Viele Unternehmen reagieren darauf, indem sie einen Aufschlag kalkulieren, den der Kunde dann herunterhandeln kann. Für Kunden wiederum bedeutet das, dass Sie keinen Preis ungefragt akzeptieren können, weil sie dann ja eventuell zu viel bezahlen. Ach Du meine Güte, was für ein Teufelskreis.

Sie können den Teufelskreis aber durchbrechen, indem Sie anders agieren. Machen Sie gleich faire Preise, lassen Sie dann aber nicht mit sich verhandeln. Einfach oder? Bei Ihnen geht das nicht? Ok, dann arbeiten Sie wohl in einer Firma, in der die Preispolitik anders gehandhabt wird. Deshalb gebe ich Ihnen jetzt Tipps für beide Varianten: Verhandeln mit und ohne Nachlässe.

Fangen wir mit meinem bevorzugten Szenario an:

5.1. Verhandeln ohne Nachlass: Fair und transparent

Wenn Verkaufsleiter mich fragen, wie sie ihre Preise gestalten sollen, damit die Verkäufer preisstabil verkaufen, empfehle ich klare Preisstrukturen mit Rabattstaffeln zu definieren. Je weniger eigenen Verhandlungsspielraum Verkäufer haben, desto weniger spielt deren Verhandlungsfähigkeit und Sicherheit eine Rolle.

Kauft der Kunde viel, bekommt er viel Rabatt. Kauft er wenig, spart er auch weniger im Vergleich zum Listenpreis. Die Grundregel, die hinter dieser Verhandlungsstrategie steckt, lautet: Kein Zugeständnis ohne Gegenleistung!

Als Verkäufer können Sie sich schützen, indem Sie sagen: »Ich würde Ihnen ja gern entgegenkommen, aber wir machen das grundsätzlich nicht. Wenn Sie allerdings mehr bestellen, kann ich Ihnen einen günstigeren Preis anbieten.« Und nebenbei bietet diese Regelung auch für Ihre Kunden Sicherheit. Sie bekommen immer den bestmöglichen Preis, ohne dass es auf ihr Verhandlungsgeschick ankommt.

So eine klare Regelung bedeutet allerdings auch, dass ihr Unternehmen nicht um jeden Preis mit Kunden Geschäfte macht. Kunden die nicht genug zahlen wollen, müssen woanders kaufen. Das ist betriebswirtschaftlich sinnvoll, solange Ihre Preise marktgerecht sind.

NUTZEN SIE KONDITIONSBAUSTEINE ZUM VERHANDELN

Neben der Menge können Sie viele weitere verhandelbare Elemente nutzen, um dem Kunden entgegenzukommen, ohne unglaubwürdig zu werden. Verhandeln Sie zum Beispiel über Zahlungs- und Lieferkonditionen, Services, Zubehör und Verbrauchsmaterialien. Je mehr Konditionsbausteine Sie in der Verhandlung zur Verfügung haben, desto flexibler sind Sie.

Die Fragen nach einem besseren Preis können Sie dann zum Beispiel mit einem Gegenangebot beantworten: »Ich kann Ihnen noch
entgegenkommen, wenn Sie bereit sind, Ihre Rechnungen im Voraus zu zahlen.« oder »Können Sie die Ware selbst abholen? Dann
kann ich eine Frachtpauschale herausrechnen.« Und so weiter.
Je transparenter Ihre Konditionen gestaltet sind, desto leichter können Sie diese nutzen, um Preise zu verhandeln, die dem Kunden
passen, ohne dass Ihr Unternehmen Geld verschenkt.

Wie immer, kommt es aber auch in dieser Phase auf die Hintergründe
an. Es ist wichtig, dass Sie verstehen, warum ihr Kunde verhandelt.

UNTERSCHIEDLICHE VERHANDLUNGS-GRÜNDE ERFORDERN UNTER-
SCHIEDLICHE MASSNAHMEN

Manchmal fragen Kunden einfach nur nach einem Rabatt, ohne zu
erklären, wozu sie diesen brauchen. Trotzdem kann der Hintergrund der Frage total unterschiedlich sein.

Ein paar Beispiele:

- Ein potenzieller Kunde wollte meinen Tagessatz nicht zahlen.
  Er signalisierte: »Sie sind viel zu teuer. Können Sie mit dem
  Preis noch etwas machen?« Als ich nachfragte wurde sein Problem klar. Die Personalabteilung gab einen maximalen Tagessatz
  vor, der für externe Trainer und Berater galt. Da der Kunde mich
  gerne wollte, fanden wir eine andere Regelung. Ich berechnete
  seinen Wunschtagessatz und zusätzlich meinen Vorbereitungs-
  aufwand. Der Kunde bekam seinen Willen und ich mein Geld.

- In einem anderen Fall organisierte ein Wirtschaftsverband ein
  Seminar, das ich leiten sollte. Da nicht klar war, wie viele Anmel-
  dungen es geben würde, scheute der Veranstalter sich vor meinem Honorar. Also vereinbarten wir ein niedrigeres Fixum und
  zusätzlich eine Pauschale für jeden Teilnehmer. Ich hatte Glück,

das Seminar war voll und ich verdiente mehr als ursprünglich gefordert.

■ Eine Situation, die ich öfter erlebe ist die, dass nur ein begrenztes Budget eingeplant ist. Konnten wir das nicht schon vorher klären, muss ich in so einem Fall mein Angebot nachträglich dem Budget anpassen. Dann können wir gemeinsam überlegen, was alles aus dem Angebot herausnehmbar ist. Zum Beispiel kann der Kunde seine Seminar-Unterlagen selbst ausdrucken und er verzichtet auf Teilnehmer-Zertifikate. Aber auch indem wir das Seminar kürzen und dafür ein bis zwei E-Learning-Einheiten vorschieben, kann ich dem Kunden entgegenkommen.

Sie sehen also, je offener Sie mit Ihrem Kunden sprechen, desto eher finden Sie – manchmal sehr kreative – Lösungen.

Fragen Sie deshalb bitte immer nach. Hier ein paar Formulierungen, die funktionieren:

- Was ist der Hintergrund Ihrer Frage (nach einem Preisnachlass)?
- Worum geht es Ihnen dabei?
- Womit vergleichen Sie? (das ist ein Klassiker, aber die Frage funktioniert)

Manchmal sind Kunden übrigens einfach nur überrascht, was Ihre Produkte oder Leistungen kosten (das geht mir ständig so). Dann bleiben Sie einfach gelassen und warten bis der Schock sich gelegt hat. Wenn der Kunde Ihre Lösung braucht, kauft er trotzdem.

MIT »NEIN, ABER...« BRINGEN SIE IHREN KUNDEN ZUM ARBEITEN

Also, Kunden fragen nach Rabatt – fast immer. Das bedeutet aber nicht, dass Sie welchen geben müssen. Soweit waren wir schon. Sie müssen also »Nein« sagen lernen, um nicht in die Falle zu tappen.

Noch besser als strikt zu sagen: »Nein, ich kann am Preis nichts mehr machen.« ist es aber, wenn Sie eine neue Tür öffnen, indem Sie sagen: »Nein, ich kann nichts machen, aber lassen Sie uns gemeinsam schauen, ob wir eine Alternative finden.« Das ermöglicht Ihnen dann eine ganze Spielwiese von Varianten, von denen ich einige oben schon erwähnt habe.

Neben Ihren eigenen Einfällen können Sie aber auch Ihren Kunden in die Ideensuche einbinden. Bitten Sie ihn um Vorschläge: »Was fällt Ihnen noch ein?« oder »Was können Sie tun, damit ich Ihnen im Preis entgegenkommen kann?«. Wenn Sie es schaffen, dass Sie mit dem Kunden zusammen Einfälle sammeln, kommt erstens mehr dabei heraus – zwei Köpfe wissen mehr als einer – und außerdem entwickeln Sie wieder mal gemeinsam eine Lösung, die beim Kunden auf große Akzeptanz stößt.

5.2. Verhandeln mit Nachlass: Wenn Sie schon feilschen, machen Sie's richtig

Auch wenn Sie durch Ihre Firmenpolitik gezwungen sind, Preisnachlässe zu geben, können Sie einiges für Ihre Glaubwürdigkeit tun. Folgende Regeln helfen Ihnen dabei:

MACHEN SIE KEINE ZUGESTÄNDNISSE »AM TISCH«

Auch wenn Sie wissen, dass Sie einen Nachlass geben können, dürfen Sie das nie sofort sagen. Bitten Sie immer um eine Pause oder eine Vertagung, um »zu kalkulieren«, »Rücksprache zu halten« oder »einen Kollegen zu fragen, ob ihm noch etwas einfällt.« Das macht Ihren Nachlass glaubwürdiger. Ein Rabatt, den Sie direkt im Gespräch geben, war aus Sicht des Kunden ein eingeplanter Zuschlag und damit Beschiss.

Zusätzlich erlaubt Ihnen diese Vertagung, sich in Ruhe Gedanken zu machen. Vielleicht kommen Sie damit auf eine elegantere Lö-

sung, als einen einfachen Rabatt. Mir hilft es meistens in Ruhe überlegen zu können, damit mir etwas Kreatives einfällt: Einmal habe
ich einem Kunden einen Preisnachlass gegeben, wenn er mir im
Gegenzug einige Kontakte vermittelt. Er hat weniger gezahlt und
mir dafür bei drei Geschäftspartnern Termine verschafft. Der Deal
war für uns beide attraktiv.

Hier noch einige weitere Tipps:

VERTAGEN SIE »PESSIMISTISCH« DIE VERHANDLUNG

Je hoffnungsloser Sie klingen, wenn Sie sich zum erneuten Kalkulieren zurückziehen, desto eher können Sie einen Rückzieher machen oder nur einen kleinen Nachlass bieten. Sagen Sie zum Beispiel: »Ich sehe im Moment keine Möglichkeit. Aber weil Sie's sind,
frage ich nochmal ein paar Kollegen, ob denen noch etwas einfällt.«
Der Klassiker: »Ich schau mal, was ich machen kann.«, suggeriert
dem Kunden dagegen eher, dass Sie noch Möglichkeiten haben. Der
Kunde erwartet dann ein deutlich günstigeres Angebot.

Übrigens, sagen Sie bitte nie: »Ich muss noch meinen Chef fragen.«
Damit untergraben Sie Ihre eigene Kompetenz dem Kunden gegenüber. Und manche Kunden werden dann nicht mehr mit Ihnen
verhandeln wollen, sondern rufen direkt Ihren Vorgesetzten an. Das
findet der bestimmt nicht toll.

LASSEN SIE IHR GEGENÜBER KÄMPFEN

Ein leichter Sieg macht keinen Spaß. Deshalb ist es wichtig, dass Sie
ihrem Verhandlungspartner so lange wie möglich widerstehen. Ihr
Kunde schätzt einen Preisnachlass nämlich viel mehr, wenn er
denkt, dass er ihn sich durch sein Verhandlungsgeschick erkämpft
hat. Und meistens kommen Sie so auch noch billiger davon.

GEBEN SIE NUR EINMAL NACH

Wenn Sie schon nachgeben müssen, bieten Sie bitte einen Preis, mit dem Sie sich wirklich Chancen ausrechnen und dann bleiben Sie dabei. Langwieriges Gefeilsche über mehrere Runden stellt Ihre Glaubwürdigkeit massiv in Frage. Das sollten Sie sich im Hinblick auf zukünftige Verhandlungen mit dem Kunden nicht antun. Am besten funktioniert das, wenn Sie einen Unterstützer im Kunden-Unternehmen haben, der Ihnen sagt, wie gut Ihre Chancen sind und mit welchem Preis Sie gewinnen.

NATURALRABATTE SIND BESSER ALS GELD

Zusätzliche Geräte, Zubehör oder Verbrauchsmaterialien als Zugeständnis anzubieten, ist besser, als Geld nachzulassen. So können Sie wenigstens die Differenz zwischen Ihren Kosten und dem Verkaufspreis einsparen. Dem Kunden rechnen Sie natürlich vor, was er bezahlen würde, wenn er die Produkte voll bezahlen müsste. Am besten bieten Sie etwas an, was der Kunde nicht sowieso kaufen würde. Vielleicht gibt es sogar etwas, für das Sie den Kunden schon immer gewinnen wollten.

Wenn Sie Dienstleistungen verkaufen, bieten Sie etwas, das für den Kunden viel Wert hat, für Sie aber mit geringem Aufwand zu realisieren ist. Ideal sind Leistungen, die vom Kunden wirtschaftlich nicht einzuschätzen sind.

Als besonders schlimm gelten Verhandlungen mit Einkäufern, dabei sind die gar nicht so besonders.

5.3. Verstehen Sie wie der Einkauf tickt

Liebe Einkäufer, wenn Sie dieses Buch in die Hände bekommen, seien Sie mir bitte nicht böse. Ich muss meinen armen Verkäuferkollegen aber unbedingt mal ein paar Vorurteile über Sie nehmen.

Liebe Verkäufer, so schlimm, hart und unbezwingbar sind Einkäufer gar nicht. Ganz im Gegenteil. Einkäufer haben es oft gar nicht so leicht und das ist gut für uns!

EINKÄUFER ENTSCHEIDEN NUR SELTEN

Sehr zu ihrem Leidwesen bekommen Einkäufer sehr oft von den Fachabteilungen vorgeschrieben, welchen Lieferanten sie bevorzugen sollen. Was glauben Sie, wie groß in so einem Fall die Verhandlungsmacht des Einkaufs noch ist? Richtig, kaum vorhanden. Gut für Sie! Versuchen Sie also möglichst über die Fachabteilung zu verkaufen, um die Anforderungen so zu beeinflussen, dass der Wettbewerb nicht mithalten kann.

Es gibt sogar einen Fachbegriff für dieses Phänomen »Maverick buying«. Ein Maverick ist ein Ausreißer aus einer Herde. Und der Einkauf versucht solche Ausreißer in den Fachbereichen möglichst zu verhindern. Dafür (oder dagegen) gibt es sogar Seminare, in denen vermittelt wird, wie Einkaufsprozesse so gestaltet werden können, dass keine Extratouren möglich sind.

Gerade in hochtechnisierten Bereichen ist es dem Einkauf aber selten möglich Anbieter wirklich zu beurteilen. Wenn es noch dazu nur wenige potenzielle Lieferanten gibt oder diese schlecht vergleichbar sind, bindet das den Einkäufern die Hände.

EINKÄUFER MÜSSEN OFT POKERN

Auch wenn der Einkauf oft mit leeren Händen da steht, versucht er auf Lieferanten Druck auszuüben. Das ist sein Job. Ich habe schon Verhandlungen mit Einkäufern erlebt, in denen ich zu 90 % sicher war, dass der Kunde kauft. Da konnte ich mir Drohungen wie: »Wir hätten gern mit Ihnen gearbeitet, aber wenn Sie nicht nachgeben können, müssen wir uns leider für einen anderen Anbieter entscheiden.« natürlich recht gelassen anhören. Trotzdem ist es mir immer unangenehm, weil ich nicht will, dass der Einkäufer schlecht dasteht. Aber manchmal kann ich es kaum verhindern.

Am besten heben Sie sich noch ein Zugeständnis auf, wenn Sie wissen, dass nach ihrer Verhandlung mit der Fachabteilung noch eine Einkäufer-Runde folgt. Und dann lassen Sie den Einkauf richtig kämpfen. Klingt nach Spaß, oder? Ist es auch!

EINKÄUFER FÜRCHTEN SICH MANCHMAL

Am meisten fürchtet der Einkäufer, dass der Anbieter der Wahl aufsteht und die Verhandlung abbricht. Ehrlich, das ist ein Riesen-Thema. Und sagen Sie jetzt nicht: »Bei uns ist das anders.« Sogar in der sagenumwobenen Automobilindustrie mit den »härtesten Einkäufern der Welt«, gibt es eine Menge Verhandlungen, in denen der Einkäufer Panik hat, seinen Verhandlungspartner zu vergraulen.

Probieren Sie das mal aus: Klappen Sie in einer harten Verhandlung ihre Schreibmappe zu. Sie müssen gar nichts sagen. Und dann beobachten Sie, wie ihr Gegenüber reagiert. Wenn Sie einen richtig erfahrenen Verhandler gegenüber haben, wird er vielleicht nur rot oder die Lippen spannen sich kurz. Die meisten Einkäufer werden deutlichere Paniksignale zeigen. Wenn ihr Verhandlungspartner wirklich locker bleibt, wissen sie auch Bescheid: Er hat eine echte Alternative. In diesem Fall klappen Sie die Mappe eben wieder auf und machen weiter.

EINKÄUFER WERDEN (MEISTENS) NICHT NACH PREISNACHLÄSSEN BEZAHLT

Eine Illusion, der die meisten Verkäufer erliegen ist, die vom Einsparungsbonus des Einkaufs. Den gibt es aber gar nicht so oft, wie Sie denken. Von einem Einkaufsspezialisten habe ich mal gehört, dass gerade mal 20% der Einkäufer eine Provision für die eingesparten Summen bekommen. Die Berechnung ist nämlich vielen Unternehmen zu kompliziert. In den meisten Einkaufsabteilungen werden Festgehälter gezahlt. Boni werden dann manchmal auf qualitative Ziele, wie zum Beispiel die Optimierung des Beschaffungsprozesses oder die Beschleunigung der Reklamationsbearbeitung verhängt.

EINKÄUFER FREUEN SICH ÜBER IHR »NEIN«

Eine wesentliche Aufgabe von Einkäufern ist zu bestmöglichen Preisen einzukaufen. Das bedeutet nicht unbedingt am billigsten einzukaufen, sondern für das gewünschte Angebot die Preisuntergrenze zu finden. Kaum etwas ist für einen Einkäufer anstrengender, als ein Verkäufer, der immer und immer wieder nachgibt, denn dann muss immer weiter verhandelt werden. Wenn Sie eindeutig »Nein« sagen und dabei bleiben, kann der Einkäufer die Verhandlung als beendet betrachten. Und er muss nicht befürchten, dass Sie seinem Chef auf Nachfrage noch einen zusätzlichen Nachlass geben - und bitte tun Sie das auch auf keinen Fall!

FINDEN SIE ANSATZPUNKTE, UM DEM EINKAUF ZU HELFEN

Neben der Aufgabe günstige Preise auszuhandeln, sind Einkäufer meistens dafür verantwortlich Beschaffungsprozesse im Unternehmen zu optimieren. Dazu gehören beispielsweise:

* Angebotswesen
* Lieferantenmanagement
* Bestellwesen
* Rechnungsprüfung
* Zahlungsprozesse
* Wareneingang und vieles mehr.

Wenn Sie Einkäufern helfen können, solche Abläufe einfacher und sicherer zu gestalten, können Sie Punkte sammeln. Wenn Sie zum Beispiel elektronische Artikellisten liefern können oder Online-Bestellungen anbieten, bringt das dem Einkauf nützliche Vorteile. Viele Einkaufsabteilungen versuchen die Lieferantenzahl zu reduzieren. Mit einer umfassenden Produktauswahl steigern Sie ihre Chancen. Am besten sprechen Sie mit dem Einkauf, wie mit jedem anderen Ansprechpartner genau darüber, was Sie für ihn tun können.

INFO-BOX: Die 10 besten Einkäufertricks und was Sie dagegen tun können

Echte Alternative

Jeder schlaue Einkäufer versucht wirklich vergleichbare Angebote zu finden, um nur noch über den Preis verhandeln zu können. Dieser Fall ist für Sie am schwierigsten. Versuchen Sie möglichst über Zusatzangebote einen Nutzen zu bieten. Wenn Ihre Preise höher als die des Wettbewerbers sind, müssen Sie sich überlegen wie weit Sie mitgehen wollen. Eventuell müssen Sie auch mal einen Kunden ziehen lassen, um ihr Preisniveau nicht zu verderben. Bei einer sauberen Positionierung dürften Sie dieses Problem aber nicht allzu oft haben.

Relativitätstheorie

Geübte Verhandler versuchen erst einmal Ihren Spielraum auszuloten. Deshalb stellen sie keine eindeutige Forderung nach einem bestimmten Nachlass, sondern fordern erst einmal nur mehr Rabatt. Lassen Sie sich durch so eine undifferenzierte Forderung nicht zu einem Angebot verlocken. Fragen Sie stattdessen hartnäckig nach, bei welchem Preis der Kunde kaufen würde. Wenn dieser Ihnen zu niedrig erscheint, können Sie immer noch »Nein« sagen.

Falsche Visionen

Verkäuferaugen fangen an zu leuchten, wenn große zukünftige Geschäfte am Horizont auftauchen. Doch Sie können nie wissen, ob Ihr Kunde es wirklich ernst meint, wenn er sagt:»Wenn Sie uns jetzt einen guten Preis machen, haben Sie nächstes Jahr gute Chancen auf einen richtig großen Auftrag.« Bitte geben Sie nur Nachlässe auf garantiertes Geschäft. Zusätzlich sind nachträgliche Umsatzboni, wie Umsatzrückvergütungen oder Kick Backs, eine gute Möglichkeit zu honorieren, wenn der Kunden doch noch viel kauft.

Unzufriedener Kunde

Ich glaube diesen »Trick« kennen Sie alle: Der Kunde steigt mit einer Schimpftirade über ihre schlechten Produkte oder Services in das Verhandlungsgespräch ein. Meistens erreicht er sein Ziel auch: Der Verkäufer ist verunsichert und revanchiert sich über einen Preisnachlass. Bitte tappen Sie nicht in diese Falle. Trennen Sie auf jeden Fall Reklamation und Preisverhandlung, denn beides hat nichts miteinander zu tun.

Wenn der Kunde wirklich ein aktuelles Problem hat, leiten Sie erst dessen Lösung in die Wege. Dann erst verhandeln Sie über die Preise. Wenn Sie dem Kunden wegen seines Problems entgegenkommen wollen, schenken Sie ihm einmalig etwas. Das kann zum Beispiel ein kleiner Service-Gutschein oder Verbrauchsmaterial sein. Aber auch eine Schachtel Pralinen oder eine Flasche Wein sind als Entschuldigungsgeschenk angemessen.

Immer dagegen

Am nervenaufreibendsten sind für die meisten Verkäufer Kunden, denen scheinbar nichts gefällt. Um sich nicht verunsichern zu lassen, fragen Sie sich oder auch den Kunden, warum die Verhandlung überhaupt stattfindet. Wenn Ihr Angebot wirklich inakzeptabel wäre, würde der Kunde nicht seine Zeit mit Ihnen verschwenden. Bleiben Sie also entspannt und stark, dann können Sie nichts verlieren.

Salamitaktik

Was heißt Salamitaktik eigentlich? Klar, scheibchenweise verhandeln! Aber was ist das? Es gibt zwei Varianten:

- In der ersten gibt der Kunde die gewünschte Abnahmemenge erst mit der Zeit bekannt. Er handelt den Preis erst mal für eine geringere Menge herunter, zum Beispiel 100 Stück. Dann steigert er seine Anfrage auf 500 Stück und verhandelt wiederum. Und eventuell folgt sogar noch eine dritte Stufe. Sehr häufig bringt das ein besseres Ergebnis, als wenn der Einkäufer gleich über die endgültige Menge verhandelt hätte.

• Bei Variante zwei verhandelt der Einkäufer jede Kondition (Preis, Zah-
lungsziel, Lieferbedingungen) separat, als hätte es vorher noch keinen
Nachlass gegeben. Erst wenn Sie sich deutlich wehren, gibt er nach.
Damit lotet er aus, wie gut Sie den Überblick behalten und wie klar Sie
»Nein« sagen können.

Solche Taktiken sind wirkungslos wenn Sie klare Vorstellungen haben
und gut vorbereitet sind. Auch eindeutige Rabatt- und Konditionsstaffeln
verhindern, dass Einkäufer mit solchen Methoden durchkommen.

Colombo-Taktik
Unter dieser Methode können Sie sich vielleicht schon etwas vorstellen,
wenn Sie den Namen hören. Der Einkäufer stellt nach Abschluss der Verhandlung noch eine unerwartete Forderung und nutzt den Überra-
schungseffekt. Viele Verkäufer bekommen in so einer Situation Angst,
dass der gesamte Abschluss wieder gefährdet ist und geben nach. Aus
meiner Erfahrung ist das nicht notwendig, weil der Kunde nur ausprobiert, wie konsequent Sie sind. Sagen Sie ruhig »Nein«. Das bringt Ihnen
im Ansehen des Kunden Pluspunkte.

Falsche Geschenke
Das ist auch wieder ein Trick, der auf psychologische Mechanismen setzt.
Der Kunde kommt Ihnen in einem Punkt entgegen, der für ihn ohnehin
nicht wichtig ist. Er bietet Ihnen zum Beispiel ein kürzeres Zahlungsziel
an. Im Hinterkopf hat er, dass seine Firma ohnehin immer innerhalb von
30 Tagen zahlt. Da er aber so tut, als wäre das ein riesiges Zugeständnis,
fühlen Sie sich vielleicht zu einer üppigen Gegenleistung verpflichtet.
Kein Problem, solange Ihre Gegenleistung Sie ebenfalls nichts kostet.
Überlegen Sie sich deshalb schon vor der Verhandlung, über welche Konditionen Sie verhandeln werden, welche für Sie wertvoll sind und in
welchen Sie gut nachgeben können. Und dann schachern und schieben
Sie so lange, bis beide zufrieden sind.

Good Guy – Bad Guy

Das ist ein Klassiker. Entweder haben Sie zwei Ansprechpartner vor sich, von denen einer Sie die ganze Zeit in die Ecke treibt, während der andere beschwichtigt, wenn es kritisch wird. Damit versucht die Gegenseite Ihre Schmerzgrenze auszuloten.

Viel häufiger wird Ihnen aber der »unsichtbare Bad Guy« begegnen. Der Einkäufer sagt:»Ich würde ja gerne bei Ihnen kaufen, aber mein Einkaufsleiter akzeptiert nur Angebote unter...« oder »Unser Zahlungsziel liegt grundsätzlich bei 90 Tagen. Daran kann ich gar nichts machen.«

In beiden Fällen kann Ihnen wenig passieren, wenn Sie klare Schmerzgrenzen definiert haben. Wiederum gilt: Nur wenn Sie bereit sind, den Kunden im Ernstfall ziehen zu lassen, können Sie Ihren Preis behaupten. Oft testet der Einkäufer Sie nur aus. Wenn Sie »Nein« sagen, bekommen Sie den Zuschlag trotzdem.

Zeitdruck

Die meisten Verhandlungsfehler entstehen durch Zeitdruck. Überstürzte Entscheidungen sind meistens teuer. Darauf setzen fiese Einkäufer, indem sie Zeitdruck aufbauen. Entweder fordern Sie ein neues Angebot innerhalb einer Stunde oder sie reden zu lange über Gott und die Welt, bis die Verhandlungszeit fast aufgebraucht ist. Und dann muss schnell ein Vorschlag von Ihnen her. Bitte lassen Sie sich auf solche Methoden nie ein. Erbitten sie immer Bedenkzeit und wenn es nur zehn Minuten sind. Der Einkäufer will Ihnen diese vielleicht nicht gerne geben. Er kann aber auch nicht viel tun, wenn Sie darauf bestehen. Dann überlegen Sie in Ruhe bevor Sie einen Vorschlag machen.

INFO-BOX: DISC in der Preisverhandlung

In dieser Phase des Gesprächs hat die große Stunde der dominanten Kunden geschlagen. Da klopft das Kämpferherz! **Dominante** feilschen und kämpfen und sie wollen gewinnen. Wenn Sie wissen, dass ein dominanter Gesprächspartner die Verhandlung führt, kalkulieren Sie entweder einen Aufschlag ein, den er herunter handeln kann oder – noch besser – überlegen Sie sich etwas, das Sie dem Kunden anbieten können. Eine Zusatzleistung, Zubehör oder Ähnliches. Das muss gar nicht viel sein. Wenn der Kunde richtig kämpfen muss, reichen auch kleinere Zugeständnisse, damit er sich als Sieger fühlen kann. Wenn Sie selbst gelassen bleiben (sehen Sie's als Spiel) macht das richtig Spaß!

Der **initiative** Kunde braucht eine ganz andere Strategie. Sie können ihn bei seiner Kreativität packen. Sagen Sie »Nein« zu direkten Forderungen, öffnen Sie aber eine Tür für neue Varianten: »Wir können nochmal schauen, wie wir das Paket verändern können, damit der Preis für Sie passt.« Bitten Sie auch um Vorschläge von Ihrem Kunden. Sie werden überrascht sein, was ihm noch alles einfällt.

Stetige Kunden verhandeln kaum. Wenn doch, treten sie eher zaghaft auf und geben schnell wieder nach, wenn Sie sich nicht bewegen. Achten Sie darauf, die Beziehungsebene zu stärken, damit sich Ihr Ansprechpartner weiter wohl bei Ihnen fühlt. Die größte Gefahr ist, dass Ihr stetiger Kunde den vereinbarten Preis nicht intern verkaufen kann. Helfen Sie dabei mit guten Argumenten, Unterlagen oder möglichst, indem Sie selbst mit den höheren Entscheidungsebenen sprechen.

Gewissenhafte Verhandler sind gut zu überzeugen, wenn Sie hieb- und stichfeste Argumente und Musterrechnungen haben. Allerdings wird Ihnen bei diesen Kunden der kleinste Fehler zum Verhängnis. Beim gewissenhaften Kunden sollten Sie niemals unbegründete Nachlässe geben, weil sonst Ihre Glaubwürdigkeit ein für alle Mal ruiniert ist.

KAPITEL 6

ABSCHLUSS

Gehen Sie nie ohne Abschluss aus dem Kundengespräch. Oh Hilfe, Verkaufstrainer-Gerede! Nie ohne Abschluss gehen? Keine Angst, in diesem Fall meine ich nicht ausschließlich einen konkreten Verkaufs-Abschluss. Auch eine konkrete Vereinbarung für nächste Schritte ist eine Art von Abschluss.

VEREINBAREN SIE IMMER EINEN KONKRETEN NÄCHSTEN SCHRITT

Auch wenn Sie am Ende des Gesprächs noch keinen konkreten Verkaufsabschluss machen können, empfehle ich Ihnen so weit wie möglich zu gehen und mit dem Kunden immer etwas Verbindliches abzumachen. Wie weit Sie kommen, sagt Ihnen der Kunde, wenn Sie fragen.

Beispiel: Vor kurzem war ich mit einem Außendienst unterwegs. In einem Kunden-Gespräch ging es um eine ganz konkrete Anfrage. Der Kunde überlegte, ob er eine Maschine eher neu kauft oder versucht eine Gebrauchte zu bekommen. Parallel wollte er noch ein Angebot bei seinem Stamm-Lieferanten, einem Wettbewerbsanbieter einholen. Wir verabschiedeten uns vom Kunden mit der »Vereinbarung«, dass er sich dann meldet, wenn er weiter weiß. Als ich den Verkäufer fragte: »Wann meldet sich der Kunde? Und was pas-

siert, wenn er sich nicht meldet?«, konnte der wenig Konkretes dazu
sagen. Statt dessen hörte ich ziemlich viel: »Ich denke mal...« und
»Ich habe es so verstanden, dass...«

Das ist ein ganz typisches Beispiel, das ich schon oft erlebt habe.
Aber, mal ehrlich: Wie will der Verkäufer eine Strategie für nächste
Schritte planen, wenn er keine konkreteren Informationen hat als
diese? Deshalb fragen Sie bitte nach:

»Wie ist ihr Zeitplan?«
»Wann denken Sie, haben Sie das Angebot vom Lieferanten?«
»Wann brauchen Sie meinen Vorschlag?«
»Wann kann ich mich wieder melden?«

Diese Fragen führen nicht nur dazu, dass Sie klarer sehen. Sie helfen
auch dem Kunden besser und konkreter zu planen. Und der Kunde
weiß, was er von Ihnen zu erwarten hat. Er muss nicht fürchten, dass
Sie nun alle drei Tage anrufen und ihn nerven, sondern er weiß, dass
Sie sich zu einem, von ihm gewünschten Zeitpunkt wieder melden.

Erinnern Sie sich an die Zielplanung für ihr Verkaufsgespräch
(Infobox Plan ABC auf Seite 44)? Wenn Sie sich verschiedene Ziele
überlegt haben, können Sie jetzt gleichzeitig auf eine Zurückwei-
sung des Kunden eingehen und trotzdem etwas erreichen. Machen
Sie einen Vorschlag: »Wollen wir gleich einen neuen Termin aus-
machen?« Wenn der Kunde ablehnt, gehen Sie einen Schritt zurück
und versuchen Ziel B: »OK, einverstanden. Dann schlage ich vor,
wir telefonieren nächste Woche. Wann passt es Ihnen genau?« Der
Kunde versteht, dass er die Entscheidungshoheit hat und sich nicht
gegen Sie wehren muss. Mit großer Wahrscheinlichkeit wird er deshalb ihren zweiten Vorschlag akzeptieren oder einen konstruktiven
Gegenvorschlag machen.

SIE KÖNNEN (FAST) NICHTS VERKEHRT MACHEN - HOLEN SIE SICH IHREN ABSCHLUSS

Manche Verkaufsleiter legen großen Wert darauf, dass ihre Verkäufer abschluss-sicher sein müssen. Es gibt sogar Seminare zum Thema Abschluss-Techniken. Ich glaube dagegen, wer beim Abschluss kämpfen muss, hat vorher seinen Job nicht gut gemacht. Meiner Meinung nach werden Abschlüsse zu jedem anderen Zeitpunkt des Gesprächs eingeleitet, nur nicht mehr zum Schluss. Oder anders: Wenn der Kunde jetzt noch nicht will, dann können Sie an dieser Stelle auch nichts Grundlegendes mehr daran ändern.

Wenn Sie dagegen bis hierhin den Verkaufsprozess sauber geführt haben, Sie ihr Produkt bestmöglich darstellen konnten und es für den Kunden passt, wird der jetzt kaufen. Ganz einfach!

Hier einige typische Abschluss-Signale von Kunden:
- Der Kunde spricht, als hätte er schon gekauft und plant bereits die Umsetzung.
- Er spricht von »Wir« und schließt Sie darin ein.
- Der Kunde wird ruhig und hat keine Fragen mehr.
- Das Gesicht des Kunden entspannt sich, oft lehnt er sich im Stuhl zurück oder lächelt.
- Der Kunde äußert, dass das Angebot passt.

Jetzt müssen Sie nur noch abwarten, bis der Kunde »Ja« sagt. Sie können aber auch selbst aktiv werden. Hier einige Beispiele:

Fragen Sie direkt nach:
Manche Kunden brauchen nur noch einen kleinen Stups, um die Entscheidung zu treffen. Durch Ihre Frage setzen Sie den letzten Impuls, den der Kunde braucht.

»Wie sieht es aus? Kommen wir ins Geschäft?«
»Kann ich den Vertrag vorbereiten?«
»Sind Sie einverstanden? Können wir loslegen?«

Warten Sie nach Ihrer Frage unbedingt bis der Kunde spricht. Egal, wie lange es dauert! Wenn der Kunde jetzt wider erwarten »Nein« sagt, können Sie trotzdem wieder nachhaken: »Ok, was brauchen Sie noch, um sich entscheiden zu können?«

Tun Sie so als ob:
Durch Fragen nach der Abwicklung laden Sie den Kunden ein, sich die vollendeten Tatsachen vorzustellen. Geht er mit, haben Sie Ihren Abschluss ziemlich sicher in der Tasche.

> »Wann können wir denn die erste Lieferung planen?«
> »Wen spreche ich dann an wegen der Termine?«
> »Wo sollen wir mit dem Einbau beginnen?«

Wenn Sie sich geirrt haben und der Kunde noch nicht so weit ist, ist es auch nicht schlimm. Entschuldigen Sie sich für das Missverständnis und fragen Sie nach, was noch zu tun ist, damit der Kunde sich entscheiden kann.

Skalieren Sie:
Manchmal weiß der Kunde selbst noch nicht genau, ob er es nun wagen soll oder nicht. Mit der Skalierung helfen sie, Klarheit herzustellen.

> »Auf einer Skala von eins bis zehn: Wie nah sind Sie einer Entscheidung? Zehn heißt ,Ja, wir machen es.'«

Der Kunde ordnet sich jetzt ein und Sie können weiter nachfragen:

> »Was brauchen Sie noch, um von der acht zur zehn
> zu kommen?«

Auf diese Weise bekommen Sie ganz genaue Informationen, ob Sie noch Überzeugungsarbeit leisten müssen oder ob die Entscheidung jetzt an internen Prozessen beim Kunden hängt.

FAQ: Manchmal denke ich am Ende des Gesprächs, dass ich alles, was möglich war, getan habe und dann kauft der Kunde trotzdem nicht. Was mache ich falsch?

Das kann viele Ursachen haben. Eine Möglichkeit: Vielleicht ist der Kunde tatsächlich fast soweit und dann halten Sie ihn wieder vom Abschluss ab. Überlegen Sie mal, ob Sie unbeabsichtigt eine der folgenden Abschluss-Verhinderungs-Techniken angewandt haben:

1. Weiter argumentieren:
Das passiert vor allem unsicheren und unerfahrenen Verkäufern, die noch mehr mit sich als mit dem Kunden beschäftigt sind. Wenn Sie nicht merken, dass der Kunde schon gekauft hat, bringen Sie ihn durch weitere Argumente eventuell wieder durcheinander.

2. Die Entscheidung verschieben:
Auch das kann passieren, wenn Sie unsicher sind. Eine klassische Formulierung in so einem Fall ist: »Wollen wir's dann so machen..... oder wollen Sie sich's nochmal überlegen?«

3. Nicht fragen:
Manchmal brauchen Kunden den letzten Anschub von Ihnen, um die Entscheidung wirklich auszusprechen. Wenn Sie jetzt einfach gehen, ohne eine Abschlussfrage zu stellen, kann der Kunde sich drücken.

4. Fragen und weitersprechen:
Ganz leicht passiert es, dass Sie nach der Abschluss-Frage weiterreden. Die Pause, die sonst nach ihrer Frage entsteht, kommt Ihnen wahrscheinlich endlos vor (und manchmal ist sie es auch). Deshalb fangen Sie vielleicht wieder an zu sprechen und halten damit den Kunden von seiner Entscheidung ab.

Diese Strategien sind deshalb gefährlich, weil manche Kunden in der Abschluss-Phase innerlich unsicher sind. Sie müssen sich jetzt entscheiden und gehen damit ein Risiko ein. Die oben genannten Strategien laden geradewegs dazu ein, die Entscheidung nochmal zu verschieben. Deshalb ist es in dieser – wie in allen anderen Gesprächsphasen – so wichtig, dass Sie Ihren Kunden aufmerksam beobachten und mit ihm sprechen, um zu verstehen, was gerade in ihm vorgeht.

DER NÄCHSTE SCHRITT: ERGEBNISSE SAUBER DOKUMENTIEREN!

Eine Studie der Proudfoot-Unternehmensberatung hat ergeben: In der Nachbereitung arbeiten Verkäufer am schlechtesten. Ein Grund könnte sein, dass sie im Freudentaumel nachlässig werden und die Gesprächsergebnisse nicht sauber abgleichen und dokumentieren.

Bitte stimmen Sie also am Ende jedes Gesprächs mit dem Kunden ab, was Sie vereinbart haben. Am besten wiederholen Sie noch einmal alle wichtigen Schritte und Abmachungen und lassen sich diese absegnen. Und spätestens jetzt müssen Sie alle festgelegten Punkte auch aufschreiben, um dem Kunden zu zeigen, dass nichts Wichtiges verloren gehen kann.

Noch professioneller ist es, nach dem Gespräch eine kurze Zusammenfassung per Mail zu schicken. Denken Sie daran, dass darin auch die vereinbarten Termine und Verantwortlichkeiten stehen. Schreiben Sie so eine Mail so schnell wie möglich. Damit zeigen Sie Ihrem Kunden, dass er sich für einen zuverlässigen Partner entschieden hat.

INFO-BOX: Ergebnisse dokumentieren

Immer wieder werden Lieferanten-Kunden-Beziehungen dadurch strapaziert, dass beim Abschluss Missverständnisse passieren, die unentdeckt bleiben. Um das Risiko dafür zu verringern, empfehle ich Ihnen spätestens jetzt einige Gesprächsergebnisse schriftlich festzuhalten. Diese sind dann auch für einen späteren Vertrag nützlich. Drei Möglichkeiten finde ich gut:

1. Klassisch: Das Ergebnis-Protokoll

Das Protokoll geht nach der Sitzung an alle Betreffenden. Reduzieren Sie die Inhalte auf das, was konkret festgelegt wurde. Diskussionsinhalte und Vorschläge die nicht umgesetzt wurden, gehören in so ein Protokoll nicht hinein. Stimmen Sie am Ende jedes Diskussionspunkts kurz mit der Gruppe ab, welche Ergebnisse Sie festhalten. Damit vermeiden Sie Missverständnisse, die nachher aufwendig geklärt werden müssen.

2. High-Tech: Das Online-Protokoll

Mir gefällt diese Variante, weil alle Beteiligten sofort sehen, was notiert wird. Schließen Sie dazu das Notebook, auf dem protokolliert wird einfach an einen Beamer an. So können alle mitlesen. Beschränken Sie allerdings Diskussionen immer nur darauf, welche Ergebnisse notiert werden sollen. Sehr übersichtlich wird ein Protokoll im Mindmap-Format (zum Beispiel Mindmanager). Alle Punkte sind auf einer Seite zu sehen und es fällt damit allen leichter den Überblick zu behalten. Für Außenstehende, die in der Sitzung nicht dabei waren, ist ein Mindmap allerdings leicht unübersichtlich.

3. Interaktiv: Das Flipchart-Protokoll

Einen ähnlichen Effekt (alle sehen, was notiert wird) mit geringerem technischen Aufwand haben Sie auch, wenn die Ergebnisse und Aufgaben auf einem Flipchart notiert werden. Das Flipchart hat außerdem noch den Vorteil, dass es zu Beschränkung zwingt, weil nicht so viel Text auf eine Seite passt. Am Ende der Sitzung werden die Charts abfotografiert und an alle gemailt.

In allen drei Varianten ist es sinnvoll auch einen Maßnahmenplan für die nächsten Schritte festzuhalten. Notieren Sie vereinbarte Aufgaben immer mit Zuständigkeit (bitte immer nur eine Person, sonst fühlt sich eventuell niemand zuständig) und konkretem Datum. Achtung: Wenn die zuständige Person nicht in der Sitzung dabei ist, muss es einen klar benannten Informations-Überbringer geben. Dieser behält solange die Verantwortung, bis er sichergestellt hat, dass die Aufgabe vom Betreffenden zum besprochenen Datum erledigt wird. Falls nicht, gibt es eine Rückmeldung an die Sitzungsteilnehmer.

FAQ: Manchmal fehlt nur noch eine Kleinigkeit zum Abschluss und dann telefoniere ich dem Kunden monatelang hinterher. Wie mache ich das, ohne ihn zu nerven?

Ja, das kenne ich. Das ist mühsam, oder? Oft meinen es die Kunden ja gar nicht böse, würden selbst gerne loslegen und werden durch interne Prozesse oder Entwicklungen gebremst.

Ich habe sogar schon mal Kunden vergrault, weil ich zu hartnäckig nachgehakt habe.

Damit Sie aus meinen Fehlern lernen können, hier einige Tipps:

- Bleiben Sie am Kunden dran, aber machen Sie immer wieder klar, dass Sie nicht nerven, sondern nur in Erinnerung bleiben wollen. Der Kunde kann Sie durch ein kurzes »Wir sind noch nicht soweit« wieder loswerden.

- Bitten Sie den Kunden jeweils um den nächsten Termin, an dem Sie sich wieder melden dürfen. Er versteht damit, dass er bestimmen kann, wie oft Sie sich melden und dass Sie sich daran halten und nicht zwischendurch nerven.

■ Variieren Sie die Art Ihrer Erinnerung, schicken Sie einmal eine Mail, ein anderes Mal rufen Sie an und zwischendurch schicken Sie einen nützlichen Zeitungsartikel. Die Telefonate sollten Sie nutzen, um genauer zu erfahren, was der Stand der Dinge ist.

Da die Kunden oft nicht in der Hand haben, den Prozess zu beschleunigen, ist die Situation für alle Beteiligten unangenehm. Der Kunde entwickelt ein immer schlechteres Gewissen Ihnen gegenüber, was Sie ja eigentlich gar nicht wollen. Sprechen Sie ihr Dilemma ruhig an: »Ich mache mir Sorgen, dass ich Ihnen auf die Nerven gehe. Das will ich auf keinen Fall. Ich will aber auch nicht, dass ich ganz in Vergessenheit gerate.« In der Regel bekommen Sie so die Erlaubnis für die nächsten ein bis zwei Kontakte.

Vor kurzem hatte ich Erfolg mit der Formulierung: »Ich bin halt Verkäuferin. Das kennen Sie ja von Ihrem Außendienst, nicht wahr? Die sollen sich ja möglichst auch nicht so schnell abwimmeln lassen.« Der Kunde hat gelacht und mir dann erlaubt, mich im Frühling wieder zu melden. Na bitte, geht doch!

Wenn ihr Ansprechpartner selbst die Entscheidung aufhält, können Sie sich erkundigen, wie sie ihn unterstützen können. Manchmal hilft auch eine offensive Nachfrage: »Was könnten wir denn jetzt mal tun, damit wir einen Schritt weiter kommen?«

UNENTSCHLOSSENE KUNDEN BRAUCHEN MANCHMAL HILFESTELLUNG

Dass der Kunde sich nicht entscheidet, kann auch daran liegen, dass ihn die angebotene Lösung doch noch nicht zu 100% überzeugt, ihm aber keine Alternative einfällt. Oder das Risiko einer Entscheidung scheint ihm größer, als das Risiko einer Nicht-Entscheidung.

In jedem Fall ist es wichtig, dass Sie den Kunden überzeugen, offen über seine Bedenken zu reden, damit Sie gemeinsam eine Lösung finden können. Am besten sprechen Sie den Kunden offen an: »Ich mache mir Gedanken, woran es liegen kann, dass wir im Moment nicht weiter kommen. Wie kann ich Sie noch bei der Entscheidungsfindung unterstützen?«

Unsicheren Kunden hilft es auch, wenn sie sich nicht gleich für einen riesigen Auftrag entscheiden müssen. Bieten Sie eine Testphase oder ein Musterprojekt an.

Und wenn Ihnen nichts mehr einfällt und sich das Gefühl einschleicht, schon alles probiert zu haben, können Sie noch diese Variante nutzen: Sagen Sie dem Kunden offen, dass er auch »Nein« sagen kann. Vielleicht traut er sich nicht, die Absage auszusprechen und lässt Sie deshalb so lange in der Luft hängen. Formulieren Sie ihre Aussage aber so, dass nicht alle Türen zugeschlagen werden: »Ich merke, dass wir schon eine Weile immer wieder telefonieren, aber keine Entscheidung in Sicht ist. Ich kann mir zwei Gründe vorstellen. Entweder Sie wollen doch nicht mit uns arbeiten und wollen das nicht so offen sagen. Ich wäre in dem Fall aber froh über eine klare Ansage, weil wir dann beide wüssten, woran wir sind. Oder aber, Ihnen fehlen noch letzte überzeugende Informationen oder irgend etwas anderes, damit Sie sich entscheiden können. Bitte sagen Sie mir auch das offen, damit ich reagieren kann.«

So oder so bekommen Sie durch diese Ansage mehr Klarheit. Und selbst wenn der Kunde daraufhin absagt, sind Sie einen Schritt weiter. Mir persönlich ist eine eindeutige Absage oft lieber als monatelanges Herumeiern, bei dem am Ende nichts herauskommt. Ich kann meine Zeit schließlich besser nutzen, als hoffnungslosen Kunden hinterher zu telefonieren. Und Sie sicher auch.

INFO-BOX: DISC im Entscheidungsprozess

Entscheidungen laufen nicht bei jedem Menschen gleich. Gerade in dieser Phase sind die Unterschiede zwischen Kundentypen oft sehr deutlich:

Dominante Kunden sind angenehme Entscheider. Sie übernehmen Verantwortung und entscheiden schnell und eindeutig. Meistens bekommen Sie eine klare Aussage wie:»]a, ok. Machen wir das so!«. Genauso unverblümt sagen dominante Kunden auch ab. Der einzige Negativ-Punkt: Dominante Gesprächspartner halten es oft nicht für notwendig die Lieferanten zu informieren, die den Auftrag nicht bekommen. Aber wenn Sie nachhaken, bekommen Sie auf jeden Fall eine Antwort.

Initiative Kunden entscheiden sich in der Regel auch schnell. Allerdings fallen ihre Entscheidungen mehr aus dem Bauch heraus, als bei anderen. In seltenen Fällen, ist die Entscheidung im Eifer des Gefechts gefallen und der initiative Ansprechpartner entscheidet sich später wieder anders. Deshalb lassen Sie sich nach einer Zusage schnell eine kurze, formlose Auftragsbestätigung schicken, um Verbindlichkeit zu signalisieren.

Stetige Kunden entscheiden sich nicht gern. Das Risiko einer Fehlentscheidung für die sie sich rechtfertigen müssten, scheint einfach zu groß. Versuchen Sie im Notfall eine Entscheidung für einen ersten Schritt zu bekommen. Dann kann der Kunde die Zusammenarbeit mit Ihnen in Ruhe kennenlernen. Die weiteren Schritte fallen dann leichter. Mit dem Vertrauensgewinn, haben Sie dann auch den treuesten Kunden, den Sie sich vorstellen können.

Gewissenhafte Kunden verzetteln sich eventuell bei dem Versuch, die Entscheidung nach allen Seiten abzusichern und das Risiko einer Fehlentscheidung zu verringern. Sie prüfen wieder und wieder die verschiedenen Optionen und kommen zu keinem Ergebnis. Als Verkäufer können Sie helfen, indem Sie Garantien oder Testphasen anbieten. Weisen Sie außerdem auf eventuelle Zeitpläne hin, die in Gefahr geraten, wenn die Entscheidung nicht bis zu einem bestimmten Zeitpunkt fällt.

KAPITEL 7

AFTER SALES

Der berühmte deutsche Bundestrainer Sepp Herberger hat den Ausspruch geprägt: »Nach dem Spiel ist vor dem Spiel.« Für den Verkauf gilt das genauso: »Nach dem Verkauf ist vor dem Verkauf.«

Mit jedem Schritt, den Sie nach einem erfolgreichen Verkauf tun, können Sie die Chancen auf zukünftige Abschlüsse erhöhen oder aber den Kunden vergraulen. Durch seinen Abschluss hat der Kunde Ihnen einen Vertrauensvorschuss gegeben. In der Phase nach dem Abschluss prüft er immer wieder, ob Sie dieses Vertrauen verdienen. Dabei bezieht er unbewusst verschiedene Aspekte ein:

- Wird sein Projekt so umgesetzt, beziehungsweise seine Ware so geliefert, wie Sie es versprochen haben?
- Sind die Ansprechpartner in den anderen Abteilungen Ihres Unternehmens genauso vertrauenswürdig / nett / kompetent / engagiert (oder was auch immer ihn überzeugt hat) wie Sie?
- Interessieren Sie sich auch nach dem Abschluss noch für ihn als Kunden?
- Kurzum: Bekommt er, was er sich vorgestellt hat?

Die Schwierigkeit dabei: Wenn Sie nicht gerade Einzelunternehmer sind, geben Sie nach dem Abschluss die Verantwortung für die Umsetzung weitgehend aus der Hand. Innendienst, Projektleiter,

Zulieferer, Logistik-Personal, Spedition et cetera müssen dafür sorgen, dass Ihre Versprechen eingehalten werden. Und wie ist das in Ihrer Firma? Klappt die Umsetzung gut? Können Sie einen Auftrag mit gutem Gefühl an Ihre Kollegen übergeben?

Meine Erfahrung aus den Unternehmen, mit denen ich arbeite, ist: Meistens klappt's und manchmal nicht. Und übrigens, genau das erwartet auch der Kunde. Er hofft, dass alles gut geht, weiß aber auch, dass Fehler passieren können. Das Problem ist gar nicht so sehr, dass vielleicht etwas schief geht, sondern wie dann damit umgegangen wird.

Beispiel: Als ich noch für einen großen Kurierdienst arbeitete, hatte ich den besten Chef der Welt, Olaf, der gleichzeitig ein sehr guter Verkäufer war. Er verstand es bei Kunden Vertrauen zu wecken, weil er ernsthaft, ruhig und authentisch wirkte. Olaf war auch bei einem Hersteller von Kühlanlagen erfolgreich. Er konnte diesen neuen Kunden, der viel Potenzial hatte, dazu gewinnen eine Testsendung mit uns zu verschicken.

Diese Testsendung, die Ersatzteile für eine Kühlanlage enthielt, war für den Kunden sehr wichtig und musste unbedingt am nächsten Tag um 9:00 Uhr in London sein. Olaf kümmerte sich persönlich um Frachtbrief und Abholung, die Sendung verließ pünktlich unser Haus und... wurde nie wieder gesehen. Sie verschwand für immer im Logistik-Nirwana.

Der Kunde packte also in Windeseile ein Ersatzpaket. Abholung und Versand klappten wieder zuverlässig und reibungslos. Die Sendung wurde pünktlich am nächsten Tag in Helsinki zur Auslieferung freigegeben. Helsinki? Ja, Helsinki. Shit happens! Olaf war verzweifelt und griff zum letzten Ausweg. Er arrangierte einen persönlichen Transport mit einem Kurier, der sich das dritte Paket unter den Arm klemmte, in ein Flugzeug stieg und die Sendung schließlich am späten Nachmittag persönlich in London übergab.

War der Kunde danach verloren? Erstaunlicherweise nicht. Olaf hatte in der ganzen Zeit soviel Engagement (und echte Verzweiflung) gezeigt, dass der Kunde verstand: Bei diesem Kurierdienst kann zwar mal was richtig schief gehen, aber dann wird auch Himmel und Hölle in Bewegung gesetzt, um das Problem zu lösen. Der Kunde arbeitete fortan mit uns, wurde einer unserer größten Versender und hatte nie wieder so viel Pech wie beim ersten Versuch.

Und nun wieder zu Ihnen. Ich hoffe und vermute, dass Ihr erster Kundenauftrag bei Ihrem nächsten Neukunden besser läuft. Damit Sie aber wissen, was Sie tun können, um dem Kunden ein gutes Gefühl zu geben, hier ein paar Tipps:

KÜMMERN SIE SICH PERSÖNLICH UM DEN ERSTEN AUFTRAG

Damit meine ich nicht, dass Sie selbst liefern sollen. Ganz im Gegenteil. Es ist ganz wichtig, dass Ihr Kunde Ihren normalen Prozess durchläuft, damit Ihre Kollegen den Kunden kennenlernen und sich gegebenenfalls Abläufe einspielen können.

Verfolgen Sie persönlich, ob alles klappt, damit Sie im Problemfall frühzeitig reagieren können. Oft geht es nur darum, den Kunden rechtzeitig zu warnen, wenn etwas nicht so läuft, wie besprochen.

Wenn ihr Kunde in Zukunft mit weiteren Ansprechpartnern zu tun hat (zum Beispiel im Innendienst), sorgen Sie möglichst dafür, dass er von Anfang an einen guten Eindruck gewinnt. Optimalerweise kündigen Sie den Innendienst-Betreuer namentlich an und bitten ihn, sich in einem kurzen Kennenlern-Telefonat vorzustellen. Mindestens kündigen Sie aber den Kunden im Innendienst oder den anderen Abteilungen an und weisen auf eventuelle Besonderheiten hin. Spätestens wenn die erste Lieferung, Installation oder der erste Schritt eines Projekts gelaufen ist, können Sie sich noch einmal beim Kunden melden und fragen, ob er zufrieden war und ob es aus seiner Sicht noch Verbesserungsvorschläge gibt.

INFO-BOX: DISC in der Umsetzungsphase

Während Sie den Auftrag des Kunden umsetzen, haben die Kunden sehr unterschiedliche Erwartungen an Sie. Es ist gut, wenn Sie wissen, wie Sie verschiedenen Kundentypen gut zuarbeiten können:

Dominante Ansprechpartner möchten mit der Umsetzung möglichst wenig zu tun haben. Sie erwarten, dass alles wie besprochen abläuft und sie am Ende lediglich eine Vollzugsmeldung bekommen. Wenn doch etwas schief gehen sollte, sind zeitnahe Lösungsvorschläge für ihn selbstverständlich.

Initiative Kunden könnten eventuell in der Umsetzungsphase viele Extrawünsche haben. Ihnen fällt immer noch eine Idee ein, die »toll wäre«. Behalten Sie bitte im Blick, welche Sonderleistungen Kosten verursachen und informieren Sie den Kunden vor der Umsetzung. Dadurch werden sich wahrscheinlich viele Ideen wieder erledigen. Und Achtung: Initiative Kontaktpersonen arbeiten oft nicht zuverlässig mit. Auch wenn sie im Vorfeld Aufgaben übernommen haben, müssen Sie gegebenenfalls nochmal freundlich an deren Erledigung erinnern. Tun sie das lieber rechtzeitig, bevor ein Problem entsteht.

Stetige Kunden sind froh über einen engen Kontakt in der Umsetzungsphase. Telefonieren Sie häufig, um zu signalisieren: »Ich kümmere mich persönlich um Sie und ich bin für Sie da, wenn Sie mich brauchen.« Wenn möglich und sinnvoll können Sie bei wichtigen Schritten (Installation, Schulung des Kunden oder ähnliches) sogar dabei sein, um ihre Unterstützung zu zeigen. Wenn andere Kollegen mit der Umsetzung betraut sind, stellen sie diese bitte vorher vor.

Gewissenhafte Kunden achten vor allem auf Genauigkeit bei der Umsetzung. Stellen Sie sicher, dass Termine und Absprachen genau eingehalten werden. Sollte das einmal nicht möglich sein, rufen Sie so früh wie möglich an, um den Kunden vorzuwarnen. Gewissenhafte Menschen mögen einfach keine Überraschungen. Kleine Fehler und Abweichungen wird Ihr gewissenhafter Ansprechpartner genau bemerken und reklamieren. Behandeln Sie diese Beschwerden ernsthaft und sachlich, auch wenn sie Ihnen kleinlich vorkommen. Wenn Sie sich in dieser Phase als verlässlicher Partner beweisen, können Sie mit dem Kunden auf eine langfristige Zusammenarbeit zählen.

BLEIBEN SIE FÜR IHREN KUNDEN SICHT- UND ANSPRECHBAR

Auch wenn Sie mit der Umsetzung beim Kunden vielleicht gar nichts zu tun haben, ist es wichtig, dass der Kunde Sie auch weiter als Ansprechpartner wahrnimmt. Dabei ist es die größte Herausforderung, das richtige Maß zu finden. Es ist weder sinnvoll, sich zu viel um ihre bestehenden Kunden zu kümmern und keine Zeit für Neue zu haben. Noch können Sie Ihren Kontakt komplett einschlafen lassen, weil der Kunde sich dann vernachlässigt fühlt.

Tipps, wie Sie Prioritäten setzen können, finden Sie im nächsten Kapitel: »Verkaufsstrategie« ab Seite 125.

Da jeder Kunde »gute Betreuung« anders empfindet, fragen Sie am besten nach: »Was denken Sie, wie oft sollten wir miteinander sprechen, damit wir einander immer auf dem Laufenden halten können?« Je nach Kundengröße und Art der Zusammenarbeit, kann ein vierteljährliches »Review-Meeting« sinnvoll sein. Bei anderen Kunden reicht ein Telefon-Kontakt alle zwei bis drei Monate und ein bis zweimal pro Jahr ein Besuch.

Da meine Kunden in ganz Deutschland verteilt sind, betreue ich sie zum größten Teil nur per Mail und Telefon. Treffen finden nur dann statt, wenn wir ein konkretes Projekt vorbereiten. Trotzdem fühlt sich, glaube ich, keiner meiner wichtigen Kunden vernachlässigt und zu allen habe ich ein gutes, oft sogar ein sehr herzliches Verhältnis.

SORGEN SIE FÜR SINNVOLLE KONTAKTE

Ganz wichtig finde ich, dass Ihre Kundenkontakte möglichst nützlich sind. Wenn Ihr Kunde das Gefühl hat, dass ihm ein Gespräch mit Ihnen etwas bringt, wird er immer wieder gern mit Ihnen reden. Am besten versuchen Sie, eine gute Mischung hinzubekommen aus »verkäuferischen« Kontakten, bei denen Sie zum Beispiel etwas Neues vorstellen, und Kontakten, von denen der Kunde einen Vorteil hat, ohne dass Sie gleich um einen Auftrag bitten. Sie können auch mal ein kleines Geschenk vorbeibringen (auch ohne dass Weihnachten ist). Ich schwöre beispielsweise auf selbstgebackenen Kuchen als Kundengeschenk. Oder schicken Sie eine nützliche Information, die mit einem herzlichen handschriftlichen Gruß versehen ist.

Ihre Aufmerksamkeit wird von Kunden vor allem dann geschätzt, wenn sie persönlich ist. Eine handschriftliche Geburtstagskarte bedeutet den meisten Kunden mehr, als ein offizielles Kundengeschenk mit Firmenlogo. Übertreiben Sie allerdings Ihre Großzügigkeit nicht zu sehr und variieren Sie Ihre Aufmerksamkeiten. Sonst entsteht irgendwann eine Anspruchshaltung und Sie müssen zu jedem Geburtstag Kuchen backen.

Beispiel: Mit den Verkäufern einer Firma habe ich mal daran gearbeitet, wie sie die Kundengeschenke aufpeppen können, um mehr Eindruck zu hinterlassen. Wir kamen darauf, dass sie die Regenschirme nur noch dann verschenken, wenn es gerade regnet. Die Thermoskanne wird im Sommer mit eiskalten Fruchtcocktails und im Winter mit Glühwein gefüllt. Für den Verkäufer ist es dann auch viel einfacher so ein Geschenk zu übergeben. »Ich habe mir gedacht, weil es so kalt ist, bringe ich Ihnen schnell etwas zum Aufwärmen vorbei.« sagt sich doch schöner als: »Ich habe hier noch eine Thermoskanne für Sie.«, nicht wahr?

Die Kunden sollten den Kontakt als kontinuierlich und aufmerksam empfinden. Dann werden Sie auch zu Ihnen kommen, wenn es ein Problem gibt.

10 Möglichkeiten, den Kundenkontakt zu halten

1. Besuche sind zeitaufwendig und teuer. Trotzdem sind sie unschlagbar, um die Beziehung zum Kunden zu festigen. Vereinbaren Sie möglichst immer Termine, damit Ihr Kunde Zeit für Sie hat und sich auf das Gespräch vorbereiten kann. Unangekündigte Termine verlaufen meistens oberflächlich. Wenn Sie allerdings wirklich gerade in der Nähe sind, schaden zehn Minuten Beziehungspflege sicher nicht.

2. Telefonate sind günstig und bringen viel für den Beziehungsaufbau. Durch den direkten Dialog können Sie viele Themen sofort klären. Allerdings sollten Sie meistens einen guten Grund haben, um anzurufen. Anrufe, bei denen Sie sich »einfach nur mal melden«, bleiben oft oberflächlich.

3. Essenseinladungen sind Fluch und Segen zugleich. Einerseits können Sie die Beziehung selten so gut pflegen, wie bei einem leckeren Essen. Endlich steht das Berufliche mal hinten an. Andererseits empfinden die meisten Menschen Abendeinladungen als belastend. Wenn möglich gehen Sie zum gemeinsamen Mittagessen. Wenn Sie das mit einem Termin verbinden, wird der Kunde die Einladung selten ausschlagen.

4. Newsletter sind immer noch eine gute Möglichkeit der Kundenpflege. Voraussetzung: Sie dürfen nicht zu oft kommen und müssen wirklich relevante Informationen für den Kunden bieten. Meine Kunden schätzen, dass sie meinen Newsletter ausdrucken und beim Kaffee lesen können. Jeder Mensch liest regelmäßig zwei bis drei Newsletter. Wenn Ihrer gut ist, gehört er vielleicht dazu.

5. Messeeinladungen sind eine gute Möglichkeit für Gespräche, wenn Ihre Kunden die Messe ohnehin besuchen. Ob Sie sich zu einem Verkaufsgespräch oder auf einen Kaffee treffen, ist dabei gar nicht so wichtig. Rufen Sie Ihre wichtigsten Kunden auf jeden Fall persönlich an und versuchen Sie eine feste Verabredung zu treffen.

6. Schulungen sind nicht in jeder Branche möglich. Aber von vielen Firmen die Schulungen anbieten, weiß ich, dass diese auf Kunden gut wirken. Erstens zeigt die Firma Kompetenz. Zweitens bietet eine ein- bis zweitägige Schulung die Möglichkeit einander in anderem Rahmen und mit mehr Zeit kennenzulernen.

7. Fachvorträge bei Tagungen können eine weitere Möglichkeit sein, um als kompetenter Ansprechpartner Aufmerksamkeit zu erregen und von Ihren Kunden gesehen zu werden. Neben ihrem Fachwissen brauchen Sie unbedingt Auftrittskompetenz, um einen guten Eindruck zu machen.

8. Mailings funktionieren in manchen Branchen immer noch. Wenn Ihre Firma regelmäßig technische Neuerungen präsentieren kann, die für Kunden interessant sind, werden ihre Mailings ankommen. Das meiste landet heute allerdings ungeöffnet im Papierkorb.

9. Kundenveranstaltungen sind zwar teuer und aufwendig, können sich aber lohnen. Wenn Sie Neu- und Bestandskunden in Kontakt bringen, erweisen sich Ihre Stammkunden oft als Ihre besten Verkäufer. Zudem können Sie Ihr Unternehmen zeigen, Innendienst-Ansprechpartner persönlich vorstellen und damit die Kundenbindung erhöhen. Wie alle Veranstaltungen leiden allerdings auch solche Kundenevents heutzutage unter Teilnehmer-Mangel, weil einfach zu viel angeboten wird.

10. Networking ist eine gute Möglichkeit Kontakte zu knüpfen und zu pflegen. Konzentrieren Sie sich auf Branchenverbände und Fach-Tagungen und meiden Sie allgemeine Businesstreffen, bei denen sich fast nur noch Trainer und Berater (wie ich) herumtreiben. Und denken Sie daran: Networking ist zur Kontaktpflege aber nicht zum Verkaufen da.

DAS NÄCHSTE PROBLEM KOMMT – VERSPROCHEN!

Auf dieses Versprechen würden Sie sicher gerne verzichten. Aber es ist so sicher wie das Amen in der Kirche. Irgendwann stört etwas die gute Zusammenarbeit. Das kann eine schlecht bearbeitete Reklamation oder ein grundsätzliches Qualitätsproblem sein. Sie können Lieferschwierigkeiten haben oder der Wettbewerb kommt mit einem Kampf-Preisangebot. An irgendeinem Punkt der Zusammenarbeit sinkt die Zufriedenheit des Kunden schlagartig in den Keller. Und dann ist es wichtig, dass er mit seinen Sorgen zu Ihnen kommt und Sie sich erneut als Problemlöser beweisen können.

Ihr Kunde wird Sie aber nur ansprechen, wenn er Sie jetzt im Hinterkopf hat. Waren Sie das ganze Jahr unsichtbar, wendet er sich entweder an jemand anderen in Ihrer Firma oder – noch viel schlimmer – er springt ohne Vorwarnung ab.

Bis der Kunde wieder ganz zufrieden mit Ihnen ist, müssen Sie sich verstärkt einsetzen und Ihre Betreuungsfrequenz erhöhen. Kümmern Sie sich persönlich darum, dass die Reklamationsursache abgestellt wird oder der Kunde eine Alternative für das fehlerhafte Produkt bekommt. Wenn Sie das Problem nicht lösen können, zeigen Sie zumindest, dass Sie sich ins Zeug legen.

Erst wenn der Kunde wieder rundherum zufrieden ist, können Sie Ihren Betreuungszyklus auf »Normalzustand« zurückschalten. Wenn Sie ein paar dieser Problemsituationen miteinander bewältigt haben, wird ihre Beziehung immer belastbarer. Der Kunde lernt mit der Zeit, dass er mit Ihnen »durch dick und dünn« gehen kann.

JETZT KOMMT ES NOCHMAL: NACH DEM SPIEL IST VOR DEM SPIEL

Und wozu die ganze Mühe? Genau: Weil Bestandskunden, die zuverlässigsten Umsatzbringer sind und weil Sie mit Bestandskunden am leichtesten Zusatzumsätze realisieren können. Das bringt uns im folgenden Kapitel zum nächsten Punkt: Verkaufsstrategie.

INFO-BOX: Kunden mit DISC typgerecht einladen

Was der eine Kunde als überkandideltes Restaurant empfindet, ist dem anderen gerade recht. Welche Kundeneinladung passt zu welchem Typ?

Dominante Kunden dürfen Sie nach allen Regeln der Kunst hofieren. Dabei müssen Sie nicht immer ein Restaurant der Haute Cuisine wählen. Am besten finden Sie heraus, was der Kunde gerne mag und laden ihn dann in ein gutes Restaurant dieser Kategorie ein. Wichtig ist, dass der Kunde merkt, dass er im Mittelpunkt steht.

Initiative Kunden freuen sich über ein außergewöhnliches Erlebnis. Da dieser Kundentyp auf Anerkennung aus ist, mag er Trendrestaurants oder Coole Locations. Aber auch ein gemeinsames Erlebnis, wie beispielsweise der Besuch eines Sportereignisses oder sogar eine gemeinsame sportliche Aktivität, sind gut für die Beziehungspflege. Überlegen sich am besten immer etwas, von dem der Kunde später erzählen kann.

Stetige Kunden wollen meist lieber einen gemütlichen Nachmittag mit Ihnen verbringen, statt ein Edel-Restaurant zu besuchen. Ein selbstorganisierter Grillanlass für das gesamte Kundenteam macht diesem Typ mehr Spaß als ein Gala-Diner. Überlegen Sie, wie Sie sich als liebevoller Gastgeber zeigen können. Auch eine Einladung mit Familien kann einen großen Fortschritt in der Kundenbindung bringen.

Gewissenhafte Kunden kommen gerne zu Anlässen, die fachlich interessant sind. Vielleicht können Sie gemeinsam zu einem Kongress oder Vortrag gehen. Wenn Sie eine persönliche Einladung zum Essen aussprechen, muss das Restaurant gut aber nicht abgehoben sein. Vielleicht hat der Kunde aber auch ein Hobby, das sich für eine gemeinsame Aktivität eignet. Auf jeden Fall werden Sie von diesen Kunden oft überrascht sein. Da sie Beruf und Privates in der Regel strikt trennen, lernen Sie bei einem gemeinsamen Event wahrscheinlich eine ganz neue Seite kennen. Beim nächsten offiziellen Besuch kann diese allerdings wieder verborgen sein.

KAPITEL 8

VERKAUFSSTRATEGIE

Was macht eigentlich erfolgreiche Verkäufer aus? Eines haben aus meiner Erfahrung alle gemeinsam: sie kümmern sich um die richtigen Kunden. Und die weniger Erfolgreichen? Die gehen Kaffee trinken bei den Kunden, die sie besonders gerne mögen. Ist das grundsätzlich schlecht? Kaffeetrinken ist natürlich nicht grundsätzlich schlecht, sondern nur dann, wenn Sie es bei Kunden tun, die heute und in Zukunft nicht genug kaufen (und wenn Sie zu viel Kaffee trinken und davon Herzrasen bekommen).

Wenn Sie zu Kunden ohne Potenzial fahren, wird der Kaffee nämlich verdammt teuer. Überlegen Sie mal, welche Kosten entstehen. Neben der Arbeitszeit (Lohn, Lohnnebenkosten u.a.) und den Fahrt- und Fahrzeugkosten, müssen Sie ja noch den Produktivitätsausfall einkalkulieren. In der Zeit wo sie bei Kunden ohne Potenzial sitzen, könnten Sie vielleicht einem anderen Kunden etwas verkaufen.

Ein Betriebswirt würde jetzt sicher noch viele weitere Positionen finden. Ein Außendienstbesuch kostet im Durchschnitt 250-300 Euro. Und wenn Sie längere Fahrt- oder Reisezeiten einkalkulieren schnell noch viel mehr. 250 Euro für einen Kaffee? Da sagen Sie nochmal Starbucks wäre teuer!

Die Frage ist also: Nach welchen Kriterien können Sie entscheiden, welches die richtigen Kunden sind. In diesem Kapitel bekommen Sie Antworten auf drei Fragen:

- Welche Kunden haben Priorität?
- Bei welchen Kunden haben Sie Chancen?
- Welche Ansprechpartner sind im Kundenunternehmen wichtig?

Nach diesen Kriterien können Sie Ihren Markt immer wieder scannen, um interessante Kontakte zu identifizieren und Ihre Verkaufsstrategie auf Erfolg auszurichten.

8.1. Nutzen Sie Ihre Zeit für Kunden mit Aussicht

Erfolgreiche Verkäufer gehen also zu den richtigen Kunden! Und welche sind das? Die Kunden, die Kaufpotenzial haben, die ihre Produkte und vor allem deren Vorteile brauchen. Im 2. Kapitel: «Neukundentelefonate» habe ich das schon erwähnt.

DIE BESTEN VERKAUFSCHANCEN HABEN SIE BEI BESTANDSKUNDEN

Genauso wie bei Neukunden gilt auch für Ihre Bestandskunden, dass diese dann interessant sind, wenn sie:

- generell noch weitere Produkte und Leistungen von Ihnen brauchen können
- in absehbarer Zeit Investitionen planen
- grundsätzlich bereit sind, Sie als Lieferanten dafür zu prüfen

Diesen Bestandskunden mit Potenzial und Kaufbereitschaft sollten Sie die meiste Aufmerksamkeit widmen. Sie haben nämlich einen großen Vorteil: Hier haben Sie schon bewiesen, dass Sie als Lieferant etwas taugen und haben deshalb immer bessere Chancen als neue Anbieter.

Übrigens: Oft wissen Kunden gar nicht, was ihre Lieferanten so alles anbieten. Fragen Sie bei Ihren Stammkunden ruhig mal nach. Vielleicht sind Sie dort als Lieferant für ein einziges Produkt bekannt, ohne dass die Kunden ihr restliches Portfolio überhaupt kennen.

Bauen Sie sich regelmäßig Neugeschäft auf

Neukunden zu gewinnen ist viel aufwendiger, als Bestandskunden oder ehemalige Käufer zu überzeugen. Trotzdem gehört die Neukundengewinnung zu Ihrem Job dazu. Sonst wird Ihr Kundenportfolio mit der Zeit automatisch schrumpfen. Firmen schließen oder wollen nicht mehr mit Ihnen arbeiten, Ansprechpartner wechseln und bringen neue Lieferanten ins Unternehmen und so weiter.

Konzentrieren Sie sich auf wechselbereite Kunden

Sie können sich die Neukundenakquisition aber vereinfachen, indem Sie etwas tun, das ich »scannen« nenne: Versuchen Sie schnell mit vielen Firmen in Kontakt zu kommen, um deren Potenzial und Wechselbereitschaft herauszufinden.

Scannen Sie Ihr Gebiet gründlich und führen Sie Buch über alle Firmen, mit denen Sie in Kontakt gekommen sind. Erfragen Sie das Umsatzpotenzial und schätzen Sie die Wechselbereitschaft ein. Notieren Sie sich diese beispielsweise mit einer Prozentzahl: 90% heißt, der Kunde will unbedingt einen neuen Anbieter finden und Ihre Firma hat ernsthafte Chancen; 0% bedeutet, dass der Kunde mit seinem bisherigen Anbieter zur Zeit unbedingt weiter arbeiten will und nicht für Gespräche bereit ist.

Die Zahlen dazwischen können Sie individuell definieren. 25% kann zum Beispiel bedeuten, dass der Kunde mit seinem Lieferanten im Prinzip zufrieden ist, aber auch bei Ihrem Produkt einen kleinen Vorteil sieht (der ihn allerdings allein noch nicht vom Wechsel überzeugt). Mit 50% Wechselbereitschaft ist ein Kunde in alle Richtungen offen und prüft sowohl bestehende Lieferanten als auch neue Anbieter und so weiter.

Konzentrieren Sie sich auf Kunden mit grundsätzlicher Wechselbereitschaft (mindestens 25 %). Finden Sie heraus, wann Verträge mit anderen Anbietern auslaufen oder Investitionen geplant sind. Und dann erhöhen Sie Ihre Aktivitäten rechtzeitig vor der geplanten Angebotsphase. Nach meiner Erfahrung fangen Firmen zwei bis drei Monate vorher an, den Markt aufmerksamer zu beobachten. Dann sollten Sie schon im Gespräch sein.

Kümmern Sie sich um »Scheidungskinder«

Oft sind Entscheider in Firmen mit einem bestimmten Außendienst »verheiratet«. Solange dieser den Kunden betreut, haben Sie kaum eine Chance. Wenn er aber kündigt, hat Ihre Stunde geschlagen.

Beispiel: Ich betreute über einen längeren Zeitraum einen Außendienst-Mitarbeiter namens Ulli in Einzel-Coachings. Zu Beginn unserer Zusammenarbeit war Ulli ziemlich erfolglos (das ist fast noch untertrieben). Gemeinsam erarbeiteten wir eine Kundendatenbank, in der er unter anderem die oben erwähnten »Kunden-Lieferanten-Ehen« notierte, von denen es in seinem Gebiet viele, sehr stabile gab. Da die Außendienstmitarbeiter der Konkurrenz aber schon recht alt waren, gingen zwei davon nacheinander in den Ruhestand. Das war Ullis Chance. Systematisch besuchte er deren Kunden, bei denen er sich vorher schon bekannt gemacht hatte. Weil er einen guten Eindruck vermittelte, konnte er viele davon gewinnen. Am Ende unserer Zusammenarbeit führte Ulli deshalb mit weitem Abstand die Rangliste für Neugeschäfte an. Hurra!

Betreuen Sie Stammkunden ohne Potenzial pragmatisch

Sie werden auch Stammkunden haben, die ohnehin schon alles bei Ihnen kaufen und kein zusätzliches Potenzial haben. Wahrscheinlich investieren Sie zu viel Zeit bei diesen Kunden. Ich schlage vor, dass Sie das mal kritisch hinterfragen. Hier drei Tipps:

1. Fragen Sie den Kunden wie viele persönliche Betreuungskontakte er wünscht. Oft sind das weniger als Sie denken. Wenn ein aktuelles Problem auftritt, kann der Kunde Sie ja trotzdem zwischendurch jederzeit erreichen.

2. Binden Sie zusätzliche Kontaktpersonen für den Kunden ein. Im Optimalfall gibt es einen Ansprechpartner im Innendienst, zu dem der Kunde genau so viel Vertrauen hat, wie zu Ihnen. Dieser kann den Kunden eng und regelmäßig am Telefon betreuen und so die Kundenbindung pflegen. Am besten gehen Sie einmal alle zusammen essen, um den Innendienst-Kollegen vorzustellen. Dann sind Sie bald (fast) überflüssig.

3. Vermeiden Sie Lieferfahrten. Viele Verkäufer bringen Prospekte, Muster oder sogar Waren persönlich zu Kunden. Ich halte das für Zeitverschwendung. Die Qualität der Kontakte, die dabei stattfinden, wird aus meiner Sicht überschätzt. Kümmern Sie sich in der Zeit lieber um Neugeschäft und überlassen sie die Lieferungen der Post oder ihrer Logistikabteilung.

FAQ: Ich kann doch Kunden nicht einfach so abhaken, weil sie wenig bestellen. Werden die nicht böse?

Das kann sogar passieren. Aber das darf Ihre Entscheidung nicht beeinflussen. Wenn Sie sich aus Mitleid oder »weil es schon immer so war« um Kunden kümmern, mit denen Sie und Ihr Unternehmen kein Geld verdienen, dann fehlt Ihnen diese Zeit für andere Kunden. Da Sie für ein Wirtschaftsunternehmen arbeiten und nicht für einen Wohlfahrtsverein, müssen Sie leider manchmal einen klaren Schnitt machen. Aber ich kann Sie trösten. In der Regel jammern die »vernachlässigten« Kunden zwar am Anfang ein bisschen, aber die meisten gewöhnen sich an die Betreuung durch den Innendienst. Und die wenigen, die wirklich abspringen, können Sie verschmerzen.

8.2. Auch Ihr Kunde bewertet Sie – wählen Sie Kunden, denen Sie etwas bedeuten

Jeder Kunde und sogar jeder einzelne Ansprechpartner beim Kunden bewertet die Leistungen und Produkte ihres Unternehmens anders. Für den Einen sind Sie ein Allerweltsanbieter, er erlebt Ihre Leistungen als absolut austauschbar. Für einen anderen Ansprechpartner sind Sie einmalig und unverzichtbar. Er würde Ihnen freiwillig mehr zahlen als anderen Lieferanten, weil Ihre Leistungen für ihn so wichtig sind. Ob Sie als wertvoller Partner oder beliebiger Lieferant gesehen werden, hängt nur zum Teil mit Ihren Produkten zusammen. Auch Services und Ihr persönlicher Beitrag beim Kunden zählen. Ich erkläre Ihnen, wie ihr Eindruck entsteht:

Auf der untersten Stufe in der Wahrnehmung der Kunden bewegen Sie sich, wenn er Ihr Produkt auch bei vielen anderen Anbietern kaufen kann. Der Kunde bewertet dabei nicht, was Ihr Produkt kann, sondern was er daran nutzt. Es bringt Sie also nicht weiter, wenn Ihre Pappnase antiallergen ist, Ihr Kunde aber keine Allergien hat. Er verträgt die Nasen aller Anbieter, also können Sie damit nicht punkten. Für den Kunden sind Sie ein **Massenanbieter.**

Eine Stufe weiter sind Sie, wenn Ihr Produkt einen technischen Vorteil hat, den der Kunde braucht. Wenn kein anderer Anbieter diesen Vorteil bietet, rutschen Sie für ihn in die Stufe der **Technologieführer.** Allerdings werden technische Vorteile schnell vom Wettbewerb nachgeahmt, wenn sie sich gut verkaufen. Ihr Vorsprung kann also schnell wieder weg sein.

Auch wenn Sie wirklich Massenware wie zum Beispiele Normteile verkaufen, können Sie sich über kundenorientierte Serviceleistungen positionieren. Vielleicht haben Sie einen besonders übersichtlichen Online-Katalog oder Ihr Kundendienst ist länger erreichbar als alle anderen? Wenn Ihr Kunde diesen Service für wichtig hält, werden Sie für ihn zum **Serviceunternehmen.**

Aber da auch gute Serviceleistungen schnell vom Wettbewerb nachgeahmt werden, müssen Sie noch eine Stufe weiter gehen, um (fast) unersetzlich zu werden. Erst wenn der Kunde das Gefühl bekommt, dass Sie besser als alle anderen seine Probleme lösen können, nimmt er Sie als **Geschäftspartner** wahr. In so einer Beziehung fragt der Kunde Sie um Rat, diskutiert Ideen mit Ihnen und vertraut Ihnen an, für welche offenen Fragen er noch Lösungen sucht. Ein wichtiger

Schlüssel, um in diese Position zu kommen, ist die Gesprächsführung. Wenn Sie anwenden, was ich Ihnen in diesem Buch anbiete, haben Sie gute Chancen, schnell so eine partnerschaftliche Beziehung zum Kunden aufzubauen.

Um zum Partner des Kunden zu werden, müssen Sie aber nicht nur gut zuhören. Sie müssen auch anbieten können, was der Kunde für seine Problemlösungen braucht. Und wenn Sie das nicht können, raten Sie dem Kunden (für dieses Mal) lieber ehrlich von ihren Leistungen ab, um das Vertrauen nicht zu gefährden. Für gute Kunden mit viel Umsatzpotenzial lohnt es sich aber auch über Sonderlösungen nachzudenken.

Beispiel: Mein Mann arbeitet auf einem Golfplatz und ist dort für die Pflege der Golfanlage verantwortlich. In diesem Zusammenhang kauft er mehrmals im Jahr Sand ein. Seine gewünschte Sandqualität (feuergetrockneter Quarzsand) könnte er bei jedem beliebigen Anbieter kaufen, denn Sand ist ein Massenprodukt. Trotzdem ist er seit Jahren einem Lieferanten treu. Die Firma ist nämlich als einzige bereit auf seine speziellen Lieferanforderungen einzugehen. Da die Zufahrt zum Sandsilo sehr eng ist, kann nur ein bestimmter Fahrzeugtyp dort rangieren und es hat sich bewährt, dass immer derselbe Fahrer kommt, der die Gegebenheiten kennt. Kein anderer Anbieter war in der Lage oder willens sich auf diese Wünsche einzulassen. Mein Mann hat über geplatzte Sandsäcke (Schnee im Sommer?) bis zu kaputtgefahrenen Böschungen alles Mögliche erlebt. Deshalb kauft er auch dann bei seinem Sandlieferanten, wenn dieser mal etwas teurer ist, als der Wettbewerb. So wird man vom Massenanbieter zum Geschäftspartner.

Diese Unterschiede zu verstehen ist für Sie ganz wichtig, weil es Ihnen hilft sich zu entscheiden. Wenn ein Kunde nur einen Massenanbieter sucht, suchen Sie lieber das Weite. Solche – meist schlecht zahlenden - Kunden dürfen Sie getrost ihrem Wettbewerb gönnen. Konzentrieren Sie sich stattdessen einfach auf Kunden, für die Sie mindestens Technologieführer sind, noch besser aber Geschäftspart-

ner werden können. So haben Sie eine Chance zu einem vernünftigen Preis zu verkaufen. Sie sollten im Kundenunternehmen mindestens einen Ansprechpartner finden, der etwas Besonderes in Ihnen
sieht und der noch dazu etwas zu sagen hat. Und damit kommen wir
zur letzten Anregung dieses Kapitels.

8.3. Sprechen Sie mit den richtigen Personen

Viele Verkäufer denken, wenn sie einfach immer mit dem Entscheider sprechen, ist alles gut. Ganz so einfach läuft es aber meistens
nicht. Auch wenn Sie wirklich mit demjenigen in Kontakt sind, der
am Ende die Entscheidung treffen darf (und das ist oft nicht so einfach zu erkennen) wird dieser nur selten allein entscheiden. Er fragt
oft auch andere, die später mit dem Produkt oder der Leistung zu
tun haben. Schauen wir uns an, wer sich alles einmischt:

In der Regel gibt es einen **Entscheider**, der seine Unterschrift unter
eine Bestellung oder einen Vertrag setzen darf. Je nach Auftragshöhe
kann das immer jemand anderes sein. Meistens hat der Entscheider
kaufmännische Interessen. Er fragt sich: «Rentiert sich das für uns?»

Der Entscheider fragt in der Regel auch die **Nutzer**, was sie denken.
Diese fragen nach ganz anderen Dingen, zum Beispiel: «Ist das leicht
anzuwenden? Kann ich dabei Fehler machen? Ist es umständlich
oder anstrengend zu nutzen? Wen kann ich fragen? Sind die nett und
hilfsbereit?» Und so weiter.

In der Regel gibt es irgendwo einen oder mehrere **Aufpasser**. Die sind
besonders kritisch, haben andere Vorstellungen oder möchten zumindest sicherstellen, dass die Entscheidung sehr gut geprüft ist. Suchen Sie die Aufpasser. Sie können Ihnen gefährlich werden, wenn
Sie sie nicht überzeugen.

Bauen Sie sich bitte in jedem Verkaufsprozess einen **Partner** auf. Das
ist jemand, der sich auf Ihre Seite stellt, Sie oder Ihre Lösung unbe-

dingt will und Sie im Entscheidungsprozess unterstützt. So einen Partner finden Sie nicht automatisch, sondern Sie müssen ihn oft erst einmal suchen. Am leichtesten können Sie einen Partner in der Abteilung aufbauen, die von Ihren Vorteilen am meisten profitiert.

Und dann gibt es im Entscheidungsprozess noch eine ganz wichtige Rolle, die oft ausgeblendet wird. Das ist der **Top-Entscheider**. Sie können auch sagen der Oberboss oder der große Häuptling. Meistens mischt sich dieser Top-Entscheider gar nicht in Entscheidungsprozesse ein. Aber er könnte. Er könnte über alle Köpfe hinweg und gegen alle anderen Meinungen entscheiden, wenn er wollte. Und deshalb kann es für Sie wichtig sein zu wissen, wer der große Häuptling ist. Er kann für Sie der Schlüssel zu größeren und umfassenderen Geschäften sein, als jeder andere im Unternehmen. Wenn Sie bisher nur an einen Bereich verkaufen, kann er der Schlüssel zum Gesamtunternehmen sein. Allerdings erreichen Sie den Oberboss nur, wenn Sie wirklich etwas Unternehmensrelevantes anzubieten haben. Der Oberboss spricht nicht mit jedem. Aber er ist immer offen, wenn Sie seine Firma oder seine Finanzen erheblich voran bringen können. Haben Sie eine Idee? Na dann los!

Und was ist die praktische Konsequenz daraus? Ganz einfach:

1. Versuchen Sie Kontakte zu möglichst vielen Beteiligten aufzubauen und zu halten.

2. Finden Sie in jedem Fall heraus, wer welche Rolle hat. Es gibt auch Doppelrollen (der Entscheider ist auch Aufpasser oder der Anwender ist auch Partner et cetera). Wenn Sie nicht an alle persönlich heran kommen, überlegen Sie wer Ihre »internen Verkäufer« sein könnten. Fragen Sie außerdem beim Kunden nach: «Wer ist alles an der Entscheidung beteiligt? Und wessen Interessen werden Sie zusätzlich berücksichtigen?»

3. Erarbeiten Sie individuelle Überzeugungsstrategien für alle unterschiedlichen Rollen und versuchen Sie diese »an den Mann«

zu bringen. Wenn Sie das nicht im persönlichen Gespräch machen können, nutzen Sie zum Beispiel Ihr Angebot oder eine Firmenpräsentation, um individuelle Argumente für die verschiedenen Interessen zu bieten.

4. Kümmern Sie sich auf jeden Fall um den Aufpasser. Er hat vielleicht keine Entscheidungsbefugnis. Trotzdem kann er Ihnen schaden, wenn Sie seine Bedenken nicht berücksichtigen. Ihn müssen Sie also unbedingt überzeugen.

5. Prüfen Sie die »Festigkeit« ihres Partners. Ist er bereit für Sie einzutreten oder begnügt er sich damit Ihnen Tipps für Ihre Vorgehensweise zu geben? Beide Varianten sind gut und hilfreich. Sie müssen nur wissen, was Sie Ihrem Partner zumuten können. Und noch etwas: Ein Partner, der beim leisesten Gegenwind nachgibt, ist kein Partner. Suchen Sie sich einen anderen.

FAQ: Ich komme oft gar nicht selbst an den Entscheider heran. Was kann ich dann tun?

Das Problem kenne ich. In vielen Firmen delegieren die Entscheider die Lieferanten-Recherche an andere. Umso wichtiger ist es, dass Sie herausfinden, wie der Entscheider tickt. Dabei kann Ihnen Ihr Partner helfen. Fragen Sie welche Entscheidungskriterien der Entscheider hat, welche Interessen erfüllt werden müssen und wie dieser menschlich tickt. So können Sie Ihre Verkaufsstrategie auf diese Person ausrichten und Ihre Ansprechpartner zu internen Verkäufern machen.

Zugegeben, das ist nur die zweitbeste Lösung. Wenn Sie Zeit haben, finden Sie heraus, wo Sie den Entscheider in anderem Rahmen kennenlernen können. Vielleicht geht er zu einer Veranstaltung oder ist an einer Fachmesse zu finden. Wenn Sie informell in Kontakt kommen können, bekommen Sie später sicher auch mal einen Termin.

KAPITEL 9

SELBSTMANAGEMENT UND SEELENHYGIENE

Gar nicht so einfach, immer gute Laune zu haben. Denn manchmal ist das Leben einfach nur stressig!

Glauben Sie niemandem, der Ihnen erzählt, er könne immer gut drauf sein. Stimmungen, auch schlechte, gehören zum Menschsein dazu. Machen Sie sich deshalb bitte auch niemals Vorwürfe, wenn Sie mal pessimistisch oder genervt sind. Schlechte Stimmung ist oft ein wertvoller Hinweis auf etwas, das stört. Doch dazu später. Dennoch finde ich, dass Ihre Kunden verdient haben, Sie in guter Laune zu erleben. Sie brauchen also Strategien, um sich positiv zu stimmen.

Was uns Menschen im Umgang mit unseren Stimmungen unterscheidet, ist nämlich nicht, ob wir schlechte Gefühle haben, sondern wie wir mit ihnen umgehen. In diesem Kapitel finden Sie ein paar Tipps, die ich selbst anwende.

Alle folgenden Vorschläge basieren übrigens auf einer Grundregel:

ÜBERNEHMEN SIE VERANTWORTUNG - SIE HABEN SIE NÄMLICH SCHON

Achten Sie mal darauf, ob Sie bei schlechter Laune solche oder ähnliche Sätze denken oder aussprechen: »Ich würde gerne mal wieder zum Sport gehen. Aber ich habe nie Zeit.« oder »Immer wenn ich es eilig habe, kommt der Meier und will was von mir.« oder auch »Ich wollte den neuen Aufgabenbereich eigentlich gar nicht. Aber was sollte ich denn machen?« Nutzen Sie solche Formulierungen?

Oft fühlen wir uns fremdgesteuert und lassen uns zu viele Aufgaben verpassen. Die Folge ist ein Gefühl von Hilflosigkeit. Und wer kann etwas daran ändern? Ihr Chef, Ihre Kollegen, die Gesellschaft? Ja, theoretisch schon. Praktisch tun die das aber nicht. Es gibt also nur eine Person, die Ihre Situation in die Hand nehmen kann: Sie!

Alles, was Ihnen geschieht, haben Sie (mindestens anteilig) zu verantworten. Wenn Sie keine Zeit haben, liegt es daran, dass Sie Ihre Prioritäten anders gesetzt und sich die Zeit einfach nicht genommen haben. Herr Meier stört Sie wahrscheinlich nur deshalb, weil er nicht ahnen kann, dass Sie gerade keine Störung wünschen. Und die neue Aufgabe haben Sie, weil Sie »Ja« oder zumindest nicht »Nein« gesagt haben.

Und noch einen Satz haben Sie vielleicht schon mal gehört oder sogar selbst gedacht: »Das muss der doch merken.« Das ist ein Klassiker. Der Chef, der Ihnen zu viele Aufgaben gibt, der Kollege, der Ihnen immer ins Wort fällt oder der Kunde, der Sie zu den unmöglichsten Zeiten anruft, müsste doch eigentlich selbst darauf kommen, dass das nicht ok ist. Wenn diese Personen sehr vorsichtig und bedacht wären, würde es Ihnen vielleicht auffallen. Aber offenbar denken die sich: »Er wird schon sagen, wenn's ihm nicht passt.«

Es hilft nichts. Sie müssen sich darüber klar werden, dass Sie Ihre Entscheidungen selber treffen, immer! Sie entscheiden, ob Sie etwas tun oder sagen und auch, wenn Sie Ereignisse einfach über sich ergehen lassen. Und jede Ihrer Entscheidungen hat einen Preis. Unabhängig davon, ob Sie sich absichtlich entschieden haben oder »es einfach so kam«. Also, entscheiden Sie ab sofort bewusst, wägen Sie den Preis ab und dann werden Sie aktiv. Sie fühlen sich besser, wenn Sie Ihr Leben in die Hand nehmen, versprochen!

FAQ: Sagen Sie das alles mal meinem Chef, wenn der wieder mal am Wochenende oder spät abends anruft. Ich muss doch erreichbar sein, wenn er etwas will, oder?

Also ich finde nicht, dass Sie außerhalb Ihrer Arbeitszeit unbegrenzt erreichbar sein müssen. Es sei denn, Sie haben Bereitschaftsdienst und werden dafür bezahlt. Ansonsten haben Sie meiner Meinung nach Anspruch auf Feierabende und Wochenenden.

Aber das Ganze ist ja eigentlich kein arbeitsrechtliches Thema, sondern eines, das mit Grenzen setzen zu tun hat. Und dazu gebe ich Ihnen den Tipp, mal Ihre Kollegen zu fragen, wie die mit solchen Anrufen umgehen. Und ich verspreche Ihnen jetzt schon: Es gibt mindestens ein oder zwei, die ihr Telefon abends abstellen und trotzdem keinen Ärger mit dem Vorgesetzten haben. Die gibt es nämlich in jedem Team.

Es ist ganz einfach: Chefs (und auch Kunden) muss man erziehen. Die rufen nur an, weil Sie rangehen. Wenn Sie abends nicht mehr erreichbar sind, werden sie sich angewöhnen früher anzurufen!

Wenn Sie sich nun also der Verantwortung für Ihre Zeiteinteilung, Ihr Leben und Ihre Stimmung bewusst geworden sind, können Sie Einiges tun, um diese zu verbessern. Hier sind fünf Methoden aus meinem persönlichen Schatzkästchen.

1. ES GIBT KEINE SCHLECHTEN TAGE

Ich plädiere für die Abschaffung der sogenannten »schlechten Tage«. Ich meine die Tage, an denen Sie schon mit dem linken Fuß aufstehen und dann alles schief geht. Die Tage, an denen Sie am besten im Bett geblieben wären und so weiter. Fällt Ihnen auf, wie viele Sprichworte es gibt, die uns suggerieren: Wenn der Tag einmal schlecht anfängt, gibt es für ihn (und für Sie) keine Rettung mehr?

Dabei ist das natürlich total unlogisch. Es gibt überhaupt keinen Grund dafür, dass Tage grundsätzlich schlecht sein oder bleiben sollen. Lediglich Ihre Überzeugung und damit Ihre Beurteilung der Ereignisse sind vielleicht negativ. Und damit konzentrieren Sie sich an so einem Tag hauptsächlich auf weitere Dinge oder Situationen, die schlecht laufen. Wenn Sie wollen, können Sie den ganzen Tag lang beweisen, dass es keine gute Idee war heute morgen aufzustehen. Aber ich sage Ihnen etwas: Das nervt und ist schlecht für die Laune.

Also lassen Sie das! Geben Sie Ihrem Tag statt dessen eine Chance noch besser zu werden. Ich bin schon mit dem linken Fuß aufgestanden und habe am Nachmittag mit meinem Büronachbarn Tango getanzt. Alles ist möglich! Wünschen Sie sich an einem Tag, der ungünstig anfängt, einfach eine schöne Überraschung vom Schicksal (oder vom lieben Gott, vom Universum – was immer Sie wollen). Sie werden sich wundern, was passiert.

2. SPRACHE SCHAFFT REALITÄT - WARUM NICHT EINE, DIE SIE BEWÄLTIGEN KÖNNEN?

»Mir geht es total schlecht«, klingt anders, als: »Ich habe mich gerade geärgert«, nicht wahr? Möglicherweise sagen Sie jetzt: Das ist aber auch ein riesiger Unterschied. Vielleicht gibt es aber gar keinen Unterschied in der Situation, sondern nur in der Art, wie wir eine Situation beschreiben und damit bewerten. Achten Sie mal darauf, welche Beschreibungen Sie für negative Ereignisse benutzen. »Der Meier ist immer so ein überheblicher A... Das macht er, um alle anderen klein zu halten.«, klingt nicht nur anders, sondern fühlt sich auch anders an, als: »Wenn Herr Meier seine Meinung mit so viel Selbstbewusstsein vertritt, ärgere ich mich oft, weil ich dann Schwierigkeiten habe mich gegen ihn zu behaupten.«

Besonders Verallgemeinerungen, Verurteilungen und Interpretationen verstärken ein negatives Gefühl noch zusätzlich. Wenn der Meier nämlich »immer« ein »überheblicher A...« ist und das »mit

Absicht, weil er...«, dann wiegt das nicht nur besonders schwer, die Lage ist auch total aussichtslos, denn Herr Meier ist ein schlechter Mensch und tut das alles, um den Rest der Menschheit zu ärgern... Oh wie schrecklich!

Um diesen Punkt zu verändern, können Sie bei der nächsten Miese-Gefühle-Attacke mal Folgendes ausprobieren: Schreiben Sie erst einmal auf, wie Sie diese Situation spontan und sozusagen ungefiltert empfinden. Und dann formulieren Sie, ebenfalls schriftlich, einen neuen Satz, der die Situation sachlich beschreibt und in dem Sie die oben beschriebenen Verallgemeinerungen, Verurteilungen und Interpretationen weglassen. Sie werden feststellen, dass Sie sich damit dem sachlichen Kern des Problems annähern und zusätzlich Abstand zur Situation bekommen. Und daraus ergibt sich oft schon ein Lösungsansatz.

3. SCHLECHTE LAUNE? DEUTEN SIE DIE BOTSCHAFT

Miese Laune, Unzufriedenheit, Traurigkeit oder Sehnsucht fühlen Sie nicht ohne Grund. Ihre schlechte Stimmung gibt Ihnen Hinweise darauf, dass Ihnen etwas fehlt oder Sie etwas verändern sollten. In fast jeder Lebenslage können Sie etwas tun, wenn Ihnen erst einmal bewusst wird, was los ist.

Beispiel: Ich habe oft ein undefinierbares Gefühl von Sehnsucht. Ich will dann überall sein, nur nicht da, wo ich gerade bin. In solchen Situationen habe ich Phantasien, in denen ich mich als Vollzeitgärtnerin in Gummistiefeln und Latzhose sehe oder ich die Eröffnung einer Suppenküche plane. Und fragen Sie nicht, was mir dann noch alles einfällt. Lange habe ich gedacht, diese Sehnsuchtsanfälle gehören halt zu mir, ich kann daran nichts ändern, ich habe halt eine Macke.

Irgendwann habe ich angefangen darüber nachzudenken, in welchen Situationen diese Stimmung eigentlich auftaucht. Ich kam darauf, dass das immer in Stressphasen passiert. Und als ich das nächste Mal die Sehnsucht fühlte, ging ich tiefer in mich und versuchte zu spüren, was dahinter steckt. Nach einiger Zeit merkte ich plötzlich:»Ich bin müde und brauche eine Pause.« Seitdem kann ich meine Gärtnerinnen- und Suppenküchen-Phantasien viel besser annehmen und etwas damit anfangen. Ich gönne mir eine Pause, gehe eine Runde spazieren oder schlafe ein bisschen. Was für eine Erleichterung.

Natürlich kann Ihre negative Laune auch ein Hinweis auf größere Probleme sein. Dann ist es umso wichtiger herauszufinden, was Sie quält. Und wenn Sie gar nicht alleine weiter kommen, nehmen Sie sich einen Coach. Mein Coach hat mir übrigens bei meinem oben genannten Beispiel geholfen.

4. ÜBEN SIE SICH IN LÖSUNGSORIENTIERTEM DENKEN

Kennen Sie Problemhypnose? Manchmal nimmt uns ein Problem so gefangen, dass wir keinen Ausweg sehen. Dieser Blickwinkel kann uns glatt den Schlaf rauben.

Um Abstand vom Negativen und scheinbar Unlösbaren zu bekommen, empfehle ich Ihnen das Problem aufzuschreiben. Zum Beispiel: Ich habe zu wenig Neukunden.

Als nächstes kann es sinnvoll sein, dass Sie sich über die Ursachen Gedanken machen. Aber konzentrieren Sie sich bitte auf Ihren Anteil an der Problemursache. Es nützt nichts, wenn Sie aufschreiben: »Unsere Produkte sind zu teuer.« Abgesehen davon, dass es wahrscheinlich nur die halbe Wahrheit ist, ist es auch nicht nützlich, weil Sie daran nichts ändern können. Was haben Sie also beigetragen? Vielleicht haben Sie zu wenige Kunden angerufen oder die Falschen? Vielleicht können Sie den Preisunterschied zum Wettbewerber nicht gut genug erklären? Oder telefonieren Sie Angeboten nicht konsequent nach? Wenn Sie sich nicht sicher sind, überlegen Sie selbstkritisch, was Sie anders machen, als Ihre erfolgreichsten Kollegen.

Jetzt formulieren Sie Ihre Zielsetzung realistisch, aber konkret und positiv: Ich steigere meine Neukundenquote im kommenden Jahr um 50%.

Aus den Problemursachen können Sie dann Strategien entwickeln. So könnten Sie ab sofort 30 statt zehn Kunden pro Woche anrufen. Oder fragen Sie einige erfolgreiche Kollegen, wie sie die hohen Preise argumentieren. Sammeln Sie ruhig erst einmal ganz viele Ideen. Nicht alle müssen am Ende umsetzbar sein. Witzige oder verrückte Ideen wecken Ihre Kreativität und dürfen deshalb auch auf Ihre Liste. Nehmen Sie sich Zeit für Ihre Ideensammlung. Starren Sie zwischendurch Löcher in die Luft oder lassen Sie Ihre Gedanken abschweifen. Der Ideen-Suchprozess läuft parallel in Ihrem Hinterkopf ab. Ihnen wird immer wieder etwas Neues einfallen, wenn Sie Geduld haben.

Am Ende entwickeln Sie aus einer oder mehreren Ideen eine Strategie, die Sie konkret planen und umsetzen. Am besten besprechen Sie außerdem mit einer vertrauten Person, was Sie vorhaben. Erstens können Sie sich so noch Tipps und Rückmeldungen holen. Vor allem aber verpflichten Sie sich auch wirklich zur Umsetzung Ihrer guten Vorsätze.

FAQ: Das klingt alles gut und schön. Aber ist es in der Praxis nicht ziemlich schwer?

Ich gebe Ihnen Recht. Die Umsetzung der Tipps ist oft gar nicht so leicht. Und dazu kommt noch eine weitere Schwierigkeit. Wir stammen von Pessimisten und Angsthasen ab. Unsere Vorfahren haben nämlich oft nur dadurch überlebt, dass Sie Gefahren mieden, nach dem Motto: Lieber einmal einen großen Bogen um einen Stock machen, der wie eine Schlange aussieht, als einmal (aus falschem Optimismus) auf die Schlange treten. Die Vorsichtigen konnten ihre Gene vererben und Voilà, da sind wir! Das ist die Begründung, warum es uns manchmal leichter fällt an der schlechten Laune festzuhalten, als eine Lösungsmethode auszuprobieren.

Aber trotzdem funktionieren die beschriebenen Methoden. Ich wende sie alle von Zeit zu Zeit an. Und ich bin kein Berufs-Optimist. Ich war früher sogar oft die »Meisterin des Selbstmitleids«. Heute dagegen kann ich mich oft aus schwierigen Stimmungslagen befreien und darüber bin ich selbst erleichtert. Also ran! Einfach mal ausprobieren!

5. SORGEN SIE FÜR AUSGLEICH

Niemand kann auf die Dauer leistungsfähig bleiben, wenn er immer nur arbeitet. Davon bin ich fest überzeugt. Es mag Ihnen noch gut gehen, solange im Job alles läuft, Sie erfolgreich sind und in Ihrer Firma nicht sschief geht. Doch spätestens, wenn Sie Ärger und Stress bekommen, ist Ausgleich in anderen Lebensbereichen wichtig.

Mir gefällt zur Orientierung das Modell mit den fünf Lebensbereichen:

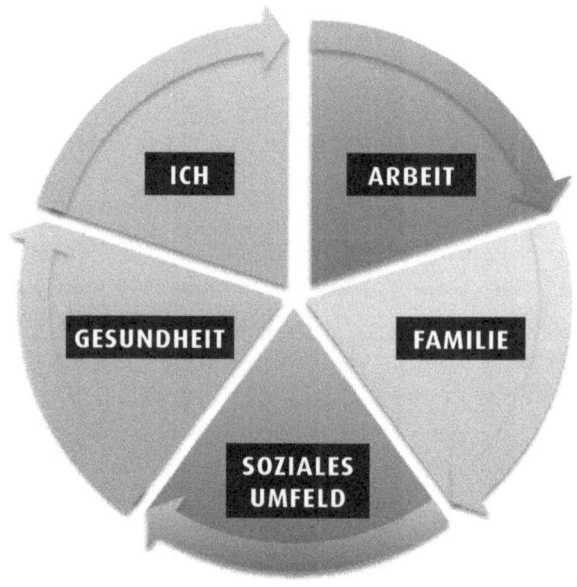

Eine Konstellation, die ich bei Vertrieblern oft erlebe ist, dass die Zeit zwischen Job (viel) und Familie (zu wenig) aufgeteilt wird und die anderen Bereiche gar nicht vorkommen. Auf Dauer erhalten Sie Ihre Freude und Leistungsfähigkeit aber nur, wenn Sie sich auch für die anderen Lebensbereiche Zeit nehmen. Das kann zum Beispiel bedeuten, dass Sie ein sportliches Hobby aufnehmen, das Sie mit Freunden ausüben können (soziales Umfeld und Gesundheit). Ihre Familie muss Sie dafür vielleicht an ein bis zwei Abenden entbehren, aber ich vermute mal, dass sie an den anderen Abenden ausgeglichener und fröhlicher sind, wenn Sie ab und zu etwas für sich tun.

Mit dem Lebensbereich »Ich« sind Aktivitäten gemeint, bei denen Sie in sich und Ihre Weiterentwicklung investieren. Wenn Sie sich ab und zu ein Seminar zu einem Thema gönnen, das Sie interessiert, Sie sich Zeit für ein spannendes Fachbuch nehmen (so wie jetzt gerade) oder einen Vortrag besuchen, entwickeln Sie sich weiter.

Um die Zeit für solche Aktivitäten zu gewinnen, müssen Sie allerdings auch lernen im Job Prioritäten zu setzen. Außerdem ist es meist notwendig einige Menschen in Ihrem Umfeld (Vorgesetzte, Kunden, Kollegen) zu erziehen, damit Sie Ihren Zeitplan besser kontrollieren können. Gewöhnen Sie sich zum Beispiel an, Ihr Telefon zu einer vernünftigen Zeit abends abzustellen. Und auch am Wochenende sollte Funkstille herrschen. Sie finden, das ist völlig unmöglich? Nein, ist es nicht. Nur Mut, Sie müssen sich nur trauen. Ihr Umfeld gewöhnt sich schneller an Ihre neue Erreichbarkeit, als Sie denken.

Genauso notwendig ist es vielleicht, Aufgaben einmal abzulehnen, zu delegieren oder mindestens eine längere Erledigungsfrist auszuhandeln. Ich habe das oft genug mit Vertrieblern durchexerziert, die bei mir im Coaching waren. Das geht alles! Und die negativen Konsequenzen sind meist weniger dramatisch, als Sie denken.

INFO-BOX: 3 Tipps gegen Stress im Verkaufsgespräch

Manchmal sind Verkaufsgespräche einfach stressig. Entweder sind Sie von anderen Themen abgelenkt oder der Kunde geht Ihnen auf die Nerven. Vielleicht läuft die Verhandlung nicht so, wie sie wollen oder der Kunde staucht Sie wegen eines Problems zusammen. Egal, welche Ursache Ihr Stress hat, Sie sollten ihn möglichst schnell loswerden, um klar denken zu können. Die folgenden Methoden helfen dabei Ihren Körper zu beruhigen. Und da Körper und Kopf unmittelbar zusammenspielen und aufeinander einwirken, beruhigen sich auch Ihre Gedanken. Sie können die Situation mit mehr Abstand reflektieren und dadurch fällt Ihnen garantiert etwas ein, um sie zu lösen.

1. Atmen Sie in den Bauch:

Achten Sie mal darauf, wie Sie atmen, wenn Sie gestresst sind. Die Atmung ist dann zwar nicht bei jedem Menschen genau gleich. Doch die meisten atmen vor allem flach in die Brust hinein und atmen dabei mehr ein als aus. Sie pumpen sich also förmlich mit Luft voll. Wenn Sie das merken, können Sie aktiv und ganz unauffällig gegensteuern. Atmen Sie einmal tief aus, bis ihre Lunge leer ist. Dann atmen Sie bewusst einige Atemzüge lang in den Bauch hinein. Als Hilfestellung können Sie eine Hand auf ihren Bauchnabel legen und »in die Hand« atmen. Die Bauchatmung beruhigt sehr schnell das vegetative Nervensystem.

2. Trinken Sie Wasser:

Das wirkt sogar noch besser als die Bauchatmung. Trinken Sie ein Glas Wasser zügig aus. Das Wasser wirkt unmittelbar auf Ihren Parasympathikus und Sie werden ruhiger. Wenn Sie ein stressiges Gespräch erwarten, erbitten Sie vom Kunden also keinen Kaffee, sondern einfach ein Glas Leitungswasser. Dann sind Sie bestens vorbereitet.

3. Wechseln Sie die Haltung:

Stress drückt sich auch oft in Ihrer Körperhaltung aus. Wenn Sie heiß diskutieren, gehen Sie in Angriffshaltung. Der Oberkörper ist über den

Tisch gelehnt, die Füße stehen in Schrittstellung, als wollten Sie loslaufen. In so einer Haltung ist Ihr Körper häufig sehr angespannt. Sie werden sofort eine Veränderung spüren, wenn Sie Ihre Sitzposition ändern: Setzen Sie sich richtig auf den Stuhl, lehnen Sie sich gerade an die Rückenlehne an und stellen Sie Ihre Füße parallel und fest auf den Boden. Durch diese Haltung sind Sie optimal geerdet. Ihre Gedanken sammeln sich wieder im Hier und Jetzt. Den Effekt dieser Veränderung können Sie noch durch die Atemtipps unter 1. verstärken.

Alle drei Tipps können Sie übrigens mitten im Gespräch anwenden, ohne dass es auffällt. Warten Sie einfach, bis der Kunde spricht und sorgen Sie dann kurz für sich.

KAPITEL 10

TIPPS AUS DEM VER-
KÄUFER-NÄHKÄSTCHEN

In diesem Kapitel habe ich noch verschiedene Tipps für Sie zusammengestellt. Ich habe sie alle ausprobiert und größtenteils wende ich sie regelmäßig an. Picken Sie sich einfach raus, was zu Ihnen passt und was Sie brauchen können!

10.1. Der »Zentralen-Drachen« – So kommen Sie auf Umwegen zum Ziel

In manchen Firmen dringen Sie nicht mal bis zur Chefetage durch, sondern scheitern schon an der Zentrale. Die Mitarbeiter dort haben den Auftrag alles abzuwimmeln, können aber in der Regel nicht beurteilen, welche Angebote fürs Unternehmen relevant sind.

In solchen Fällen bin ich schon manchmal durch eine Hintertür an den Ansprechpartner gekommen: Wenn ich noch keinen Namen habe, probiere ich im Internet (Firmenhomepage, Xing u.a.) herauszufinden, wer wahrscheinlich zuständig ist. Wenn ich mit dem Namen immer noch nicht an der Zentrale vorbei komme, probiere ich willkürlich mögliche Durchwahlen aus. Meistens wird die Null am Ende der Zentraltelefonnummer durch eine zwei- bis vierstellige Durchwahl ersetzt. Nach einigem Probieren, habe ich in der Regel irgendwann jemanden am Telefon. Dann tue ich verwirrt: »Ach, jetzt habe ich wohl doch die falsche Durchwahl? Ich wollte Peter Müller sprechen. Können Sie mir da helfen?« Da die Menschen, die ich dann am Telefon habe, nicht auf abwimmeln trainiert sind, geben sie oft Durchwahlen und manchmal sogar Handynummern raus.

10.2. Der Kundenversteher bei der Telefonakquise

Interessante Kunden bekommen meistens unzählige Anrufe von Verkäufern und potenziellen Lieferanten. Und nun auch noch Sie! Gute Erfahrungen mache ich, wenn ich das Thema offen anspreche. Dazu muss ich allerdings eine gute Gelegenheit abpassen.

Beispiel: Ich wurde an einen neuen Personalchef verwiesen, der jetzt mein Ansprechpartner sei. Nach der Begrüßung sagte ich: »Ich hab mir so gedacht: Ach Gott, der Arme, jetzt werden dem alle Trainer auf den Hals gehetzt. Bekommen Sie viele Anrufe?« Der Personalchef lachte (Glück gehabt) und bestätigte meine These. Später im Gespräch sagte er mir aber auch: »Ja, es rufen viele an, aber bisher sind Sie die Netteste!«. Das ist doch ein guter Einstieg für eine Zusammenarbeit, oder?

Wenn Sie es schaffen, dass der Kunde sich von Ihnen verstanden fühlt, haben Sie beste Chancen einen guten Kontakt aufzubauen. Am besten klappt das, wenn Sie die Situation der Kunden richtig einschätzen und darüber authentisch reden können.

10.3. Messeakquise: Viele Kontakte an einem Ort

Ich gehe sehr gerne auf Messen akquirieren. Da bekomme ich total leicht Termine, kann viele Entscheider an einem Tag sprechen und führe erstaunlich gute Gespräche. Für Sie kann das funktionieren, wenn Ihre Hauptansprechpartner (zum Beispiel Geschäftsführer, Produktentwickler, Verkaufsleiter) entweder als Standpersonal oder als Besucher an der Messe teilnehmen. Auf den Leitmessen der

Branche sind die wichtigen Entscheider häufig mindestens an einem Tag zu finden. Ihre Firma muss dazu nicht einmal als Aussteller vertreten sein.

Wenn Sie **Aussteller** besuchen wollen, durchsuchen Sie rund 14 Tage vor der Messe den Ausstellerkatalog nach interessanten Firmen. Rufen Sie dann dort an und verabreden Sie mit Ihrem Wunsch-Ansprechpartner einen Termin. Auf vielen Messen gibt es Tage an denen weniger los ist. Solche Tage ziehen sich für das Standpersonal endlos in die Länge, so dass sie froh sind einen Termin zu haben, weil der Tag dann schneller vorbei geht.

Um reine **Messebesucher** zu treffen brauchen Sie mehr Glück, aber bei wichtigen Fachmessen werden Ihre Kontaktpersonen sicher auftauchen. Vielleicht müssen Sie ein paar Firmen mehr anrufen, um Termine zu bekommen. Aber dann können Sie sich zu einem Kaffee in einem der Messerestaurants verabreden und dort ihr Gespräch führen.

Ich benutze seit zwei Jahren diese Methode und bin total verblüfft, wie gut sie funktioniert. Zu Anfang habe ich nicht viel erwartet: kurz kennenlernen, vielleicht einen Folgekontakt abmachen und das war's dann. Deshalb war ich echt verblüfft, dass die Ansprechpartner bisher fast alle gut vorbereitet zu den Gesprächen kamen, ich eine Bedarfsklärung machen und hinterher ein Angebot schicken durfte. Also ich bin echt begeistert davon. Überlegen Sie doch mal, ob das bei Ihnen auch funktionieren könnte.

10.4. Wir haben uns doch so lieb – So schaffen Sie WIRKLICH einen positiven Gesprächseinstieg

Viele Verkäufer versuchen bei Bestandskunden zu Beginn des Gesprächs eine kooperative Stimmung zu erzeugen, indem sie auf die bisherige gute Zusammenarbeit hinweisen: »Nicht wahr, bisher hat ja immer alles gut geklappt.« Der Kunde sagt wahrscheinlich sogar

»Ja« dazu. Die tatsächliche Wirkung auf ihn ist aber minimal. Dominante Kunden gehen oft sogar in den Widerstand und weisen dann gerade auf Probleme hin. Schließlich lassen sie sich nicht gern etwas vorschreiben, auch nicht, mit wem sie gerne zusammenarbeiten. Gerade in problematischen Phasen ist es aber schon wichtig, dass der Kunde sich an die grundsätzlich positive Zusammenarbeit erinnert. Denken Sie daran, was ich am Anfang mal gesagt habe: Der Kunde glaubt sich selbst am meisten. Deshalb ist es am wirkungsvollsten, wenn er selbst ausspricht, was er denkt.

Wenn Sie die grundsätzliche Zufriedenheit also nochmal verankern wollen, fragen Sie: »Wie lange arbeiten wir jetzt eigentlich schon zusammen?« (Antwort abwarten) »Wie bewerten Sie unsere Zusammenarbeit über die letzten Jahre hinweg?« Wenn diese gut war, wird der Kunde das auch so sagen. Jetzt können Sie ihn noch bestärken, indem Sie nachfragen: »Was war für Sie besonders wichtig?« Er wird jetzt konkrete Punkte nennen, die ihm gefallen haben. Sie können danach ruhig noch einmal nachhaken: »Das freut mich. Was hat Ihnen noch gefallen?« Je mehr der Kunde positiv über Sie spricht, desto stärker spürt er auch die Zufriedenheit mit Ihrem Unternehmen. Seine Aufmerksamkeit fokussiert sich auf die positive Zusammenarbeit. Er »verkauft« sich ihre Firma noch einmal neu.

Probieren Sie das mal bei Stammkunden aus. Sie werden überrascht sein, wie viel einfacher Sie hinterher zusätzliche Angebote platzieren können. Und auch Problemgespräche laufen im Gesamtkontext der positiven Erfahrungen sachlicher und kooperativer ab.

10.5. Der kleine Unterschied: Wettbewerber stilvoll besprechen

Eine Frage begegnet mir immer wieder: Unser Wettbewerb redet schlecht über uns. Wie kann ich reagieren, ohne schmutzige Wäsche zu waschen?

Die Frage ist nachvollziehbar, denn schlecht über den Wettbewerb zu reden ist einfach stillos. Der Rückschluss, den die meisten Verkäufer allerdings ziehen ist, dass sie gar nicht über den Wettbewerb reden dürfen. Und das sehe ich anders.

Wenn Sie Ihren Job so verstehen wie ich und den Kunden fair und ehrlich beraten, dann müssen Sie ihm auch Unterschiede zum Wettbewerb erklären, damit er sich entscheiden kann, was für ihn die bessere Lösung ist. Ich fahre gut damit, möglichst objektiv und wertschätzend die Unterschiede zu erläutern:

»Wenn Sie mit weiteren Anbietern sprechen, habe ich noch einen Hinweis für Sie: Es gibt zwei grundsätzlich verschiedene Herangehensweisen an das Thema Firmen-Seminare. Viele Anbieter haben ausgefeilte Seminarkonzepte, die gut erprobt sind und sicher auch gute Ergebnisse bringen. Sie werden natürlich auch ein Stück weit auf Sie angepasst, aber weitgehend stehen sie schon fest.

Die andere Herangehensweise ist die, die ich Ihnen anbieten kann. In der starten wir mit einem weißen Blatt Papier und entwickeln gemeinsam ein Konzept für Ihre Seminare, das dann individuell auf Ihre Anforderungen und Ihr Unternehmen zugeschnitten ist. Da fließen natürlich meine jahrelangen Erfahrungen in dem Bereich ein. Aber erst einmal ist es vielleicht weniger greifbar, als ein fertiges Konzept. Sie müssen für sich einfach grundsätzlich entscheiden, was für Sie das Richtige ist.«

Mit so einer Erklärung habe ich nicht gelästert, sondern nur Unterschiede aufgezeigt. Natürlich mache ich das, weil ich erfahrungsgemäß weiß, dass die meisten Kunden gerne individuelle Konzepte haben wollen. Und ich greife schon den einzigen Stolperstein mit auf, den es bei meiner Herangehensweise gibt: Die Unsicherheit, die manche Kunden bei dieser Vorgehensweise empfinden. Der Kunde trifft in diesem Moment innerlich schon eine Vorentscheidung (oft zu meinen Gunsten). In der Regel bekomme ich direkt

eine Reaktion wie: »Wir wollen eher etwas Individuelles.« Mit dieser Voreinstimmung geht er in das Gespräch mit meinem Wettbewerber.

Auf eine ähnliche Weise können Sie auch Halbwahrheiten des
Wettbewerbs aufgreifen.

Beispiel: Ein Kunde von mir leidet darunter, dass der Wettbewerb
seine Maschinen zu Kampfpreisen anbietet. Die Kunden sehen oft
nicht, dass die Handhabung aufwendiger und die Verbrauchsmaterialien der Maschinen langfristig teurer sind. Das erwähnt der
Wettbewerber natürlich auch nicht. Er konzentriert sich in seiner
Argumentation auf den Preisunterschied in der Anschaffung. Damit
der Kunde die beiden Wettbewerber objektiver vergleichen kann,
habe ich dort folgende Argumentation vorgeschlagen: »Ich kann
verstehen, dass Sie der günstigere Anschaffungspreis erst einmal
lockt. Tatsächlich müssen Sie zu Beginn weniger Geld in die Hand
nehmen. Wir haben uns dagegen für eine andere Strategie entschieden. Der Anschaffungspreis unserer Maschine ist zugegebenerma-
ßen höher. Dafür ist der Arbeitsaufwand deutlich geringer, wenn die
Maschine läuft. Und die Verbrauchsmaterialien sind langfristig auch
viel günstiger. Lassen Sie uns doch mal rechnen, wie die Kosten
über fünf Jahre betrachtet aussehen. Dann können Sie noch besser
entscheiden, was Ihnen wichtig ist. Einverstanden?«

Damit lassen sich nicht alle Kunden überzeugen, aber ein paar mehr,
als bisher. Schließlich kostet eine Maschine rund 100.000 Schweizer
Franken. Das ist doch was, oder?

10.6. Zwickmühlen auf den Tisch

Im Umgang mit Kunden geraten wir oft in Zwickmühlen: »Ich will
den Kunden nicht nerven, aber ich brauche eine Antwort.« oder
»Ich will unsere gute Beziehung nicht gefährden, muss aber ein
heikles Thema ansprechen.« Achten Sie mal darauf, wie oft Sie im

Kontakt mit anderen Menschen, nicht nur mit Kunden, solche Zwickmühlen erleben. Innere Unruhe oder Unsicherheit weisen oft auf genau so eine Situation hin.

Dabei können Sie es sich ganz einfach machen, indem Sie Ihre Zwickmühle offen ansprechen. Und am besten nutzen Sie sogar den Begriff Zwickmühle oder Dilemma ausdrücklich:

»Frau Liebeskind, ich stecke in einer Zwickmühle. Ich muss nämlich ein heikles Thema ansprechen, mache mir aber Sorgen, wie das bei Ihnen ankommt. Wir haben nämlich immer wieder folgendes Problem mit Ihren Bestellungen... Haben Sie eine Idee, wie wir das in Zukunft lösen können?«

»Herr Dr. Weiss, ich hab da ein Dilemma. Wir arbeiten schon so lange so gut zusammen, und ich will unseren guten Kontakt auch nicht gefährden. Ich habe aber gemerkt, dass Ihre Bestellungen immer mehr zurückgehen und da kann ich Ihre Rabattstaffel nicht mehr rechtfertigen. Wie können wir damit umgehen?«

Indem Sie Ihre Zwickmühle ansprechen, binden Sie den Kunden in die Problemlösung ein. Das entlastet Sie und führt erfahrungsgemäß zu tragfähigeren Lösungen, als wenn Sie alleine versuchen die Situation zu lösen.

10.7. Der gute Verkäufer in der Preisverhandlung

Wenn ein Kunde Sie das nächste Mal im Preis drücken will, probieren Sie folgende Argumentation aus: »Ich vermute mal, ich habe bisher als Verkäufer einen ganz guten Eindruck auf Sie gemacht, sonst würden wir jetzt wohl nicht hier sitzen und verhandeln, oder?« Der Kunde wird das - mindestens aus Höflichkeit - bestätigen. Daraufhin sagen Sie mit einem Lächeln: »Eben, was würden Sie jetzt also von mir denken, wenn ich einfach so mit dem Preis runtergehe? Da würde ich mir doch meinen guten Ruf versauen.«

Dieser Spruch lockert die Verhandlung auf und stärkt gleichzeitig Ihre Position. Versuchen Sie's mal.

10.8. Menschliches Multitasking

Das DISC-Modell ist einfach anzuwenden, wenn Sie nur einen Gesprächspartner haben. Etwas komplizierter wird es schon, wenn Sie mit mehreren Ansprechpartnern an einem Tisch sitzen. Doch, wenn Sie das Modell gut im Kopf haben, geht auch das. Drei Erfahrungen dazu:

- Konzentrieren sie sich nur auf die Achsen des Modells (schnell-langsam, Nähe-Distanz). Variieren Sie Ihre Kommunikation von Person zu Person.

- Sprechen Sie möglichst mit allen am Tisch. Auch wenn Einige sich sehr zurückhalten, ist es gut auch diese ab und zu über eine Frage einzubeziehen.

- Moderieren Sie zwischen den verschiedenen Ansprechpartnern. Vielleicht fegt einer der Beteiligten eine Frage vom Tisch, weil sie »jetzt noch nicht wichtig« ist oder »zu sehr ins Detail« geht. Gehen Sie trotzdem kurz auf den Fragenden ein, indem Sie ihm zum Beispiel Informationen in schriftlicher Form oder ein separates Telefonat dazu anbieten. Sie wissen nie, wie stark die Beteiligten später auf die Entscheidung Einfluss nehmen. Wenn Sie alle fair behandeln, fahren Sie immer gut.

10.9. Schweigen, die Wunderwaffe im Gespräch

Eine der besten Gesprächstechniken, die ich kenne, ist Schweigen. Ich weiß, das klingt zunächst wie ein Widerspruch. Aber Pausen sind sehr wichtig für die Gesprächsgestaltung. Gleichzeitig ist Schweigen das, was die meisten Verkäufer (ich eingeschlossen) am wenigsten gut können. Aber ich bin der lebende Beweis. Es ist lernbar!

Es gibt zwei Gründe, warum Sie ab und zu den Mund halten sollten:

Erstens brauchen Menschen auch mal **Zeit zum Nachdenken**. Wenn Sie eine Frage stellen und keine Zeit zum Denken einräumen, bekommen Sie auch keine gute Antwort. So einfach ist das.

Zweitens baut Stille im Gespräch **Antwortdruck** auf. In der Preisverhandlung oder in Entscheidungssituationen, hilft Ihnen dieser Antwortdruck bessere Ergebnisse zu erreichen. Warten Sie nach einem Vorschlag, bis der Kunde redet. Egal wie lange es dauert! Bitte, es ist wichtig!

Drei Dinge können passieren, wenn Sie eine Frage gestellt haben und dann ruhig sind:

- Der Blick des Kunden schweift in die Ferne. Das ist gut, weil es bedeutet, dass er nachdenkt. Halten Sie durch! Gleich bekommen Sie eine Antwort.

- Der Kunde starrt sie an. Das kann passieren, wenn Sie in der Preisverhandlung einen frechen Vorschlag gemacht haben. Der Kunde testet, ob er Sie niederstarren kann. Schauen Sie ruhig und gelassen zurück. Es ist ein Spiel – lassen Sie sich nicht aus der Ruhe bringen!

- Der Kunde schaut verwirrt. Ihre Frage war vielleicht ungenau oder er hat keine Ahnung, was er sagen soll. In so einem Fall entlasten Sie den Kunden schnell, indem Sie die Schuld auf sich nehmen: »Ich habe mich vielleicht missverständlich ausgedrückt. Soll ich es nochmal anders erklären?«

Probieren Sie in allen möglichen Gesprächssituationen aus, mehr Pausen zu machen. Sie werden überrascht sein, was passiert.

10.10. Mini-Meditation für mehr Präsenz im Kundengespräch

Es konnte Ihnen wohl nicht entgehen. Meine Tipps haben sehr viel damit zu tun, dass Sie sehr aufmerksam mit Ihren Kunden umgehen. Sie müssen gut zuhören, verbale und nonverbale Signale wahrnehmen. Aber auch für sich selbst brauchen Sie Aufmerksamkeit, um zum Beispiel zu merken, ob Sie schon ein Bild der Kundensituation haben, ob Sie etwas stört oder ob Sie in einer Zwickmühle stecken.

Um im Kundengespräch so präsent zu sein, ist es wichtig, dass Sie nichts ablenkt und beschäftigt, was mit dem eigentlichen Gespräch nichts zu tun hat. Wenn Sie, wie ich, allerdings eher zu den unruhigen Geistern gehören, die immer drei Themen auf einmal im Kopf haben und/oder mit den Gedanken immer schon drei Schritte voraus sind, empfehle ich Ihnen Entspannungstechniken zu lernen.

Eine ganz Einfache stelle ich Ihnen hier vor. Üben Sie so oft wie möglich. Mit zunehmender Übung können Sie immer schneller und gezielter entspannen und sich so besser konzentrieren.

Nutzen Sie am besten drei bis fünf Minuten im Auto, bevor Sie zum Kunden hinein gehen. Machen Sie den Motor und auch das Radio aus. Setzen Sie sich so hin, dass ihr Körper möglichst entspannt ist: Stellen Sie die Füße fest auf den Boden, lehnen Sie den Rücken fest und aufrecht an der Rückenlehne und den Kopf an die Kopfstütze. Die Unterarme legen Sie locker auf die Oberschenkel. Die Augen können Sie offen und den Blick in die Ferne schweifen lassen. Sie können sie aber auch kurz schließen. Probieren Sie aus, was besser hilft. Jetzt konzentrieren Sie sich auf ihren Atem und spüren Sie, wie er in Sie hinein und wieder herausfließt. Fangen Sie dann an, bewusst einzuatmen, bis sich ihr Bauch nach außen wölbt. Halten Sie den Atem einen Moment lang an und warten Sie bis die Luft von alleine wieder herausströmen will. Dann atmen Sie ganz aus, warten Sie wieder einen Moment bis der Impuls zum Einatmen von selbst kommt. In den paar Minuten kommen ihnen mit Sicherheit Gedanken zu allem möglichen. Lassen Sie die Gedanken kommen, lassen Sie sie aber auch gleich wieder weiterziehen. Die Gedanken dürfen kommen, aber sie dürfen auch wieder gehen. Nach ein paar Minuten atmen Sie noch einmal tief ein und aus, recken und strecken Sie sich und dann legen Sie wieder los!

Gerade, wenn Sie Ihren Job oft als stressig empfinden, empfehle ich Ihnen diese Mini-Meditation regelmäßig zu üben. Sie können jede Gelegenheit nutzen, zum Beispiel wenn Sie irgendwo warten müssen, Bahn fahren oder ein paar Minuten Ruhe im Büro haben. Kurz vor dem Kundenbesuch kann Ihnen diese Kurz-Entspannung die Ruhe, Gelassenheit und Präsenz bringen, die Sie brauchen um ein Super-Kundengespräch zu führen.

EINIGE RATSCHLÄGE
FÜR DIE UMSETZUNG

Na, sind Sie fertig mit Lesen? Haben Sie für sich Anregungen ge-
funden? Ich bin fast sicher, dass es so ist. Vielleicht, konnten Sie
auch ganz viel mitnehmen und fragen sich, wie zum Teufel Sie das
alles behalten sollen?

Natürlich können Sie das Buch immer wieder lesen.

Viel nützlicher ist es allerdings, wenn Sie sich jetzt gleich einen kleinen Lernplan schreiben und ab sofort anfangen, diesen umzusetzen.
Natürlich habe ich auch dazu einige Vorschläge für Sie:

1. Lerntagebuch: Machen Sie sich eine Liste mit den Lernzielen, die
Sie umsetzen wollen. Legen Sie eine Reihenfolge fest und fangen
Sie mit dem Lernziel an, das Sie am weitesten voranbringen wird.
Setzen Sie immer nur eine Sache gleichzeitig um, damit Sie im Gespräch mit Ihren Kunden nicht zu abgelenkt sind. Sie wissen ja, das
mag ich nicht. Nach ein paar Tagen oder einer Woche können Sie
sich dann das nächste Ziel vornehmen. Und wenn die Zeit rum ist,
fangen Sie wieder von vorne an.

2. Lern-Anker: Wenn Sie sich ein Lernziel gesetzt haben, überlegen
Sie sich, was Ihnen helfen kann, daran zu denken. Sonst passiert es
nämlich im Gespräch ganz schnell, dass Sie in alte Muster zurückfal-

len und die schöne neue Vorgehensweise ganz vergessen. Ein Stichwort auf ihrem Notizblatt, ein Klebezettel oder ein kleines Symbol können helfen, um ihr aktuelles Lernziel im Auge zu behalten.

3. Missionieren: Erzählen Sie anderen von Ihren Erkenntnissen. Mit jeder Erklärung, die Sie anderen geben, festigt sich die Theorie in ihrem Kopf. Und damit wird es viel einfacher, diese auch im Gespräch abzurufen. Und ganz nebenbei machen Sie noch Werbung für das Buch (ich Schlingel).

4. Geduld: Das ist vielleicht der wichtigste Tipp: Seien Sie geduldig und gnädig mit sich, wenn nicht alles gleich klappt. Gerade wenn Sie Ihre Gesprächsführung verbessern wollen, werden Sie manchmal in alte Muster zurückfallen. Das ist überhaupt nicht schlimm, solange Sie weiter dran bleiben. Mit der Zeit werden Sie immer besser, versprochen.

Also dann: Raus mit Ihnen! Verkaufen Sie smarter als Ihre Wettbewerber. Machen Sie Ihren Kunden klar, dass Sie, genau Sie die richtige Lösung für sie haben. Wickeln Sie Ihre Kunden mit Ihrem echten Interesse um den kleinen Finger und werden Sie zum Vertrauenspartner.

Und machen Sie sich das Leben bitte ab jetzt leicht. Scannen Sie den Markt nach den Kunden, bei denen Sie etwas erreichen können. Und lassen Sie die Kunden, die nicht wollen in Ruhe. Wenn Sie das nächste Mal dabei sind, sich an einem Kunden die Zähne auszubeissen, denken Sie einfach an mich. Und dann lassen Sie ab von dem armen Tropf, der sich schon längst gegen Sie entschieden hat. Smart heißt auch leicht – für Sie und Ihre Kunden.

Und nun noch ein letzter Wunsch von mir: Haben Sie Spaß und nehmen Sie das Leben nicht so ernst. Es lebt und verkauft sich deutlich entspannter, Sie werden es sehen. Eben mit ...

...Köpfchen statt Hardcore!